电源工程师研发笔记

# 线性电源设计实例
## ——原理剖析、制作调试、性能提升

张东辉　姜建  蓄

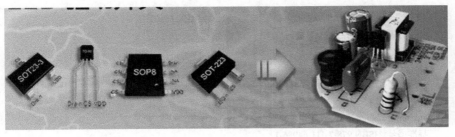

机械工业出版社
CHINA MACHINE PRESS

本书详细分析了线性电源设计相关技术——工频整流电路、三端稳压器、可调直流线性电源、交流线性电源、线性电源保护。首先对线性电源设计实例进行剖析——关键技术、工作原理、技术指标、器件选型，然后进行测试——仿真验证、实际电路测试、故障排除、数据对比，最后结合实际应用对电路进行性能提升——量程扩展、系统简化、精度提高。

理论计算、电路仿真分析与实际电路测试相结合，以便读者更加全面、透彻地理解线性电源。在完全掌握原始电路的基础之上对其进行性能改进，以便设计出符合实际要求的线性电源。

本书适合于线性电源工程设计人员参考和使用，同时也可作为模拟电路和电力电子相关专业高年级本科生和低年级研究生阅读参考。

**图书在版编目（CIP）数据**

线性电源设计实例：原理剖析、制作调试、性能提升 / 张东辉等编著 . — 北京：机械工业出版社，2020.7（2024.8 重印）
　（电源工程师研发笔记）
　ISBN 978-7-111-64986-1

　Ⅰ . ①线… 　Ⅱ . ①张… 　Ⅲ . ① 电源—设计 　Ⅳ . ① TM910.2

中国版本图书馆 CIP 数据核字（2020）第 038482 号

机械工业出版社（北京市百万庄大街 22 号　邮政编码 100037）
策划编辑：江婧婧　　责任编辑：江婧婧
责任校对：佟瑞鑫　　封面设计：鞠　杨
责任印制：常天培
北京机工印刷厂有限公司印刷
2024 年 8 月第 1 版第 2 次印刷
169mm×239mm · 15.75 印张 · 323 千字
标准书号：ISBN 978-7-111-64986-1
定价：79.00 元

电话服务　　　　　　　　网络服务
客服电话：010-88361066　机 工 官 　网：www.cmpbook.com
　　　　　010-88379833　机 工 官 　博：weibo.com/cmp1952
　　　　　010-68326294　金 书 　　网：www.golden-book.com
**封底无防伪标均为盗版**　机工教育服务网：www.cmpedu.com

序言

PREFACE

"锦城丝管日纷纷，半入江风半入云。此曲只应天上有，人间能得几回闻。"只要见到经典电路或者产品维修手册总会想起杜甫的名诗《赠花卿》——每有会意便欣然忘食！

2007年参加工作之后的第1项任务就是设计陀螺电机用三相中频电源——频率为500Hz/1000Hz、功率为200W/500W、谐波失真优于1%、连续工作3000h无故障；在师傅的带领下进行电路分析与设计、器件选型与制板、整机调试与实际性能测试，全套流程走下来既辛苦又欣慰；验收通过之后心情无比兴奋，学到知识的同时更体会到了线性电源的博大精深与无限底蕴，也被其拓扑结构的神奇、反馈控制的灵活、实际应用的巧妙而深深地吸引。近十几年的时间一直在学习和设计线性电源，特将经典线性电源设计实例整理成书与大家一起分享。书中很多电路直接给出了仿真原理图，方便读者直接进行软件仿真测试和分析，与后续内容相对应，会存在仿真原理图中器件符号为正体，而文中涉及器件数值或计算，采用斜体的情况，特此说明。

本书共包含5章内容。第1章主要对常见工频整流电路进行具体工作原理分析和实际应用设计。首先分析整流器件的基本工作特性、主要参数，然后结合实例具体讲解纯阻性负载、容性负载和感性负载整流电路的设计。第2章主要对三端稳压器LM78××和LM317进行工作原理分析、典型电路设计，以及实际应用电路分析和测试，设计实例包括LM7815固定电压/调节输出稳压电路、LM7815输入扩压/输出扩流电路、LM317典型12V稳压电路、±20V/1A固定输出稳压电源、±45V/100mA串联稳压电源、可调跟踪正负稳压电源。第3章主要进行可调直流线性电源应用设计，根据输出设置与负载大小自动调整使得输出端恒压或者恒流。该电源具有结构简单、技术成熟的优点，可实现高稳定度、低纹波、无开关电源的高频干扰与噪声等优良特性，主要用于低压和轻载场合，但是功耗相对较大，本章主要对±20V/100mA、+15V/2A、+73V与+35V、48V/200mA、0~25V/1A、100mV/1μV、倍压驱动线性电源模块和100V/1A线性电源进行工作原理分析与设计。第4章主要内容为交流线性电源分析与设计，交流线性电源主要包括两种：分立元件交流源与集成功放交流源。本章介绍的分立元件交流源主要包括单管反相交流源、双管跟随器和多管放大电路，集成功放交流源主要包括PA12和MP108功率放大器。对电路进行负反馈闭环工作原理分析、工作点和元器件参数计算、瞬态分析和失真测试、交流和稳定性分析。在基本电路工作原理完全掌握的基础上进行实际应用扩展，另外本章对分立元件正弦波发生电路和 ICL8038 集成波形发生器进行工作原理分析及应用设计。因为交流电源稳压设计需要精确反馈信号，所以本章最后着重分析交流/直流变换电路，并且结合数字万用表电路进行实际应用设计。第 5 章主要讲解线性电源保护，包括过电压保护、欠电压保护、过载保护、折返电流限制和浪涌抑制。首先分析各种保护的工作原理和具体性能，然后进行参数设置与保护器件选型，另外对保护的局限性也进行简要说明。每种保护方式结合实际电路进行具体分析，使读者学习时更加有的放矢。

    本书每章内容的介绍分三步，首先对线性电源设计实例进行剖析——关键技术、工作原理、技术指标、器件选型，然后进行测试——仿真验证、实际电路测试、故障排除、数据对比，最后结合实际应用对电路进行性能提升——量程扩展、系统简化、精度提高。

    理论计算、电路仿真分析与实际电路测试相结合，以便读者更加全面、透彻地理解电路，并做到理论与实践相结合！

    通过对原始线性电源进行工作原理分析、仿真和实际测试，使得读者能够完全理解一个电路，并且通过计算和仿真分析能够对其进行改进，以便设计出符合实际要求的线性电源——引进、吸收、应用！

    本书前 4 章附带 PSpice 仿真程序供读者参考学习，通过仿客 QQ 群 336965207 可以进行下载，也可以通过机械工业出版社提供的下载方式进行下载，纸上得来终觉浅，绝知此事要躬行！希望读者在此基础上能够独立进行第 5 章电路的仿真验证。

编者

2019.12

# 致谢

ACKNOWLEDGEMENTS

非常感谢北京航天计量测试技术研究所金俊成和虞培德两位研究员对弟子的谆谆教导和悉心培养，使得徒弟深深地被线性电源吸引，并领悟到线性电源世界的博大精深与研发过程精益求精的重要性；非常感谢北方工业大学张卫平恩师将学生领进模拟电路和 PSpice 的世界，恩师的教诲永记心头——天道酬勤、融会贯通。

非常感谢朱宁洲和张远征同志对全书文字和程序一丝不苟地校对，并且提出了许多非常有建设性的意见。

感谢妻子陈红女士在我写书期间对家庭的操劳和对我的关心照顾，妻子无微不至的体贴和精神上的鼓励使我能够全身心地投入写作和工作；感谢儿子嘟嘟在我思路枯竭时激发我的写作灵感，帮助我焕发生机和活力，家人为我努力完成本书提供了精神源泉和强大动力。

PSpice 仿客群 (336965207) 的如下仿友：贾格格、刘亚辉、严明、杜建兴等对本书也提出了宝贵建议，在此表示最衷心的感谢。

张东辉

2019.12

# 目　录

# 第1章

# 工频整流电路分析与设计

交流电源和直流电源能够相互变换，交流变直流称为"整流"，直流变交流称为"逆变"。"整流"的关键为单向导电元件——整流管，最理想的整流器件为硅整流二极管。整流电路为非线性电路，其整流特性受整流器负载影响很大。虽然实际中很少使用纯阻性负载的单相或多相整流电路，但是理解阻性负载对掌握电抗性负载整流电路有很大帮助。例如，感性负载整流电路可看成由纯阻性负载整流电路和感性滤波器组成。由于电容器使整流器件的电流导通角减小，所以容性负载整流电路的分析方法非常复杂，通常采用图解分析方法对容性负载整流电路进行具体分析。如需进一步减小整流器输出纹波，可在整流器后级再增加滤波器电路。本章主要对各种整流电路进行工作原理分析和实际应用设计。

## 1.1 整流器件

整流电路的关键器件为单向导电器件——整流二极管。早期整流器件多半采用电子管（整流二极管）、离子管（汞弧整流管）。由于上述两种整流管具有维护困难、可靠性差、效率低等缺点，已经逐渐被半导体整流二极管代替。同时整流器件必须具备如下特性：正向压降低、最大反向电压高、反向电流小、使用寿命长、能充分适应外界工作环境变化。所以比较具有实用价值的半导体整流器件主要包含硅、锗、硒。本节将对整流二极管的基本工作特性、主要参数及故障原因进行详细分析。

### 1.1.1 整流二极管的基本工作特性

整流二极管包含一对 PN 结，具有阳极和阴极两个端子。P 区载流子为空穴，N 区载流子为电子，在 P 区和 N 区间形成势垒。外加使 P 区相对 N 区为正的电压时，势垒降低，其两侧附近产生存储载流子，导通电流大大增加，并且具有较低的电压降（典型值为 0.7V），称为二极管正向导通。若加相反的电压使势垒增加，可承受高反向电压，流过 PN 结的反向电流（也叫反向漏电流）很小，称为反向阻断状态。整流二极管具有明显的单向导电性。

整流二极管通常采用半导体硅、锗或硒等材料制造。硅整流二极管击穿电压高、反向漏电流小、高温性能良好，通常高压大功率整流二极管均由高纯单晶硅制造（掺杂较多时容易反向击穿），其结面积较大，能够通过较大电流（可达上千A），但工作频率不高，通常在几十 kHz 以下。

**二极管和整流器的工作特性**：理想二极管是在一个方向上以零电阻导通而在另一方向提供开路的器件。例如，如果 $VD_1$ 是理想二极管，而不是 1N4002 或 1N4007，其阳极连接到正电压，如图 1.1 所示，正向偏置时电阻 $R_1$ 上的电压为 9V；当电池负极连接到二极管阳极时为反向偏置模式，此时电阻 $R_1$ 上的电压为 0V。

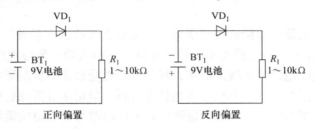

图 1.1　二极管正向和反向偏置连接

然而，对于任何二极管，当二极管导通（例如正向偏置模式）时阳极至阴极之间总存在电压损耗。正向电压损耗有时称为正向压降 $V_F$，正向压降取决于二极管的材料类型，如硅、锗或铝（肖特基二极管）。为了研究二极管的正向压降，可对 1N4002 等功率整流器进行正向偏置，并对各种小信号二极管如 1N914 或 1N4148 等在各种电流时的电压降进行比较，具体如图 1.2 所示。

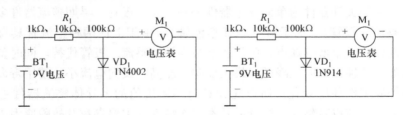

图 1.2　测量二极管阳极与阴极两端正向压降的实验

图 1.2 中元器件清单：

- 9V 电池和连接器；
- 1kΩ、10kΩ 和 100kΩ 的欧姆电阻，0.25W，5%；
- 1N914 或 1N4148 二极管或任何硅小信号二极管；
- 1N4002 ~ 1N4007 整流器或任何硅功率整流器；
- 数字电压表（VOM）。

实验结果见表 1.1，如果读者实际测试，测试结果可能略有差别。

**表 1.1 测量二极管正向压降**

| 二极管 VD$_1$ | 电阻 $R_1$ | 正向压降（$V_F$） | 二极管电流 |
|---|---|---|---|
| 1N4002 | 100kΩ | 0.420V | 0.0858mA |
| 1N4002 | 10kΩ | 0.520V | 0.848mA |
| 1N4002 | 1kΩ | 0.635V | 8.365mA |
| 1N914 或 1N4148 | 100kΩ | 0.469V | 0.0853mA |
| 1N914 或 1N4148 | 10kΩ | 0.585V | 0.8415mA |
| 1N914 或 1N4148 | 1kΩ | 0.699V | 8.301mA |

计算二极管电流时首先求解 $R_1$ 两端电压（$V_{BT_1} - V_F$），然后使用欧姆定律计算二极管电流为

$$I = (V_{BT_1} - V_F)/R_1 \qquad 注释：BT_1 = V_{BT_1} = 9V$$

小信号二极管具有明显的内部电阻，而功率二极管主要用于处理大电流，所以其内部电阻较低。如表 1.1 所示，在约 10mA 时功率整流器 1N4002 的正向偏置 $V_F$ 比 1N914 低。还应注意，对于大约每十倍（10 倍）电流增加，1N4002 的电压降会增加约 100 ~ 120mV。因此，当二极管电流增大百倍（100 倍），二极管电压在 200 ~ 240mV 范围内增加。通过以上数据可以看出二极管与 LED 具有类似的电压—电流特性。当 LED 电流十倍（10 倍）增加时，其正向电压（阳极和阴极）增加 60 ~ 120mV。锗二极管的典型导通电压为 0.2V，肖特基二极管为 0.4V，硅二极管为 0.6V。

## 1.1.2　整流二极管的主要参数

（1）最大平均整流电流 $I_F$：二极管长期工作时允许通过的最大正向平均电流。该电流由 PN 结面积和散热条件决定。使用时应注意通过二极管的平均电流不能大于此值，并满足散热要求。例如，1N4000 系列二极管的 $I_F$ 为 1A。

（2）最高反向工作电压 $V_R$：二极管两端允许施加的最大反向电压。若大于此值，则最大反向电流（$I_R$）剧增，二极管单向导电性被破坏，从而引起反向击穿。通常取反向击穿电压 $V_B$ 的 50% 作为 $V_R$。例如，1N4001 的 $V_R$ 为 50V，1N4002 ~ 1N4006 的 $V_R$ 分别为 100V、200V、400V、600V 和 800V，1N4007 的 $V_R$ 为 1000V。

（3）最大反向电流 $I_R$：二极管在最高反向工作电压下允许通过的反向电流，此参数反映二极管单向导电性能的好坏。因此电流值 $I_R$ 越小，表明二极管质量越好。

（4）反向击穿电压 $V_B$：二极管反向伏安特性曲线急剧弯曲点的电压值；反向为软恢复特性时则指给定反向漏电流条件下的电压值。

（5）最高工作频率 $f_m$：二极管正常情况下的最高工作频率。主要由 PN 结电容

及扩散电容决定，若工作频率超过$f_m$，则二极管的单向导电性能将不能得到很好的体现。例如，1N4000系列二极管的$f_m$为3kHz。另有快恢复二极管用于频率较高的交流电的整流，如开关电源中。

（6）反向恢复时间$t_{rr}$：在规定负载、正向电流及最大反向瞬态电压下的反向恢复时间。

（7）零偏压电容$C_0$：二极管两端电压为零时扩散电容及结电容的容量之和。值得注意的是，由于制造工艺限制，即使同一型号的二极管其参数的离散性也很大。手册中给出的参数往往是一个范围，若测试条件改变，则相应的参数也会发生变化，例如，25℃时测得1N5200系列硅塑封整流二极管的$I_R$小于10μA，而在100℃时$I_R$则变为小于500μA。

## 1.1.3　高频整流二极管的工作特性

开关电源中的整流二极管必须具有正向压降低、快速恢复等特点，还应具有足够大的输出功率，所以通常采用以下三种类型的整流二极管：快恢复整流二极管、超快恢复整流二极管和肖特基整流二极管。快恢复和超快恢复整流二极管具有适中和较高的正向电压降，其范围为0.8~1.2V。上述两种整流二极管同时具有较高的反向电压，因此特别适合在输出电压为12V左右的小功率辅助电源电路中使用。

由于现代开关电源工作频率均在20kHz以上，与普通整流二极管相比，快恢复整流二极管和超快恢复整流二极管的反向恢复时间已经减小至毫微秒级，因此电源效率大大提高。选择快恢复整流二极管时，其反向恢复时间至少应为开关晶体管上升时间的1/3。快恢复和超快恢复整流二极管能够降低开关电压尖峰，而电压尖峰直接影响输出直流电压纹波。另外，虽然某些软恢复型整流二极管噪声较小，但是其反向恢复时间较长、反向电流较大，因而使得开关损耗增加，并不能满足开关电源的工作要求。

快恢复整流二极管和超快恢复整流二极管在开关电源中作为整流器件使用时是否需要散热器主要取决于实际最大功耗。通常情况下，二极管制造时允许的结温为175℃，生产厂家对该指标均有明确技术说明，以供设计者计算最大输出工作电流、电压及外壳温度。肖特基整流二极管即使工作在大正向电流时，其正向压降也很低，仅为0.4V左右，而且随着结温增加其正向压降将会更低。所以使得肖特基整流二极管特别适用于5V左右的低压输出电路中。肖特基整流二极管的反向恢复时间可忽略不计，因为该器件为多数载流子半导体器件，开关过程中不必清除少数载流子存储电荷。

肖特基整流二极管有两大缺点：其一，反向截止电压承受能力较弱——最高电压约为100V；其二，反向漏电流较大，使得该器件比其他类型整流器件更容易受热击穿。上述缺点也可通过增加瞬时过电压保护电路及适当控制结温的技术进行克服。

## 1.2 纯阻性负载整流电路

整流电路按照供电状态分为单相和多相，对于小功率（1kW 以下）的整流器通常采用单相整流电路，对于中等以上功率整流器大多采用三相供电的多相整流电路；整流电路按照负载特性分为纯阻负载、容性负载和感性负载；整流电路按照整流器件连接方式分为半波整流、全波整流和桥式整流。

虽然纯阻性负载整流器在电子设备中很少使用，但本节所推导出的电路工作模式及基本关系对于电抗性负载整流、特别对感性负载整流非常实用。

### 1.2.1 纯阻性负载半波整流电路

纯阻性负载单相半波整流电路由电源变压器、整流二极管和负载电阻三部分构成，具体如图 1.3 所示。理想整流电路不考虑变压器内阻和整流二极管内阻，同时假定整流管反向电阻非常大。当变压器一次绕组连接电网后，变压器二次绕组感应电势 $e_2 = \sqrt{2}E_2\sin\omega t$，其中

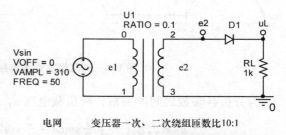

电网　　　变压器一次、二次绕组匝数比10:1

图 1.3　纯阻性负载半波整流电路仿真原理图

$E_2$ 为变压器二次电压有效值，其峰值电压为 $E_m = \sqrt{2}E_2$；$\omega = 2\pi f$ 为电网频率，通常 $f = 50\text{Hz}$。

```
* * * * 单绕组变压器 Spice 模型 * * * *
. SUBCKT XFMR1 1 2 3 4 PARAMS：RATIO = 1
RP 1 2 1MEG
E 5 4 VALUE = {V(1,2) * RATIO}
G 1 2 VALUE = {I(VM) * RATIO}
RS 6 3 1U
Rfloat 1 3 100meg
 * Rfloat 防止变压器一次侧和二次侧悬空
VM 5 6
. ENDS XFMR1


* * * *100V/1A 理想二极管 Spice 模型 * * * *
. MODEL D1 NIDEAL D (IS = 14. 11E - 9    N = 0. 01    RS = 33. 89E - 3    IKF = 94. 81    XTI = 3
+ EG = 1. 110    CJO = 51. 17E - 12    M = . 2762    VJ = . 3905    FC = . 5    ISR = 100. 0E - 12
+ NR = 2    BV = 100. 1    IBV = 10    TT = 4. 761E - 6)
```

纯阻性负载半波整流电路波形如图 1.4 所示，输入电源在正半周（$0 < \omega t < \pi$）时整流管 D1 正向偏置导通，此时负载电压为 $u_L = \sqrt{2}E_2\sin\omega t$。输入电源在负半周（$\pi < \omega t < 2\pi$）时整流管 D1 反向偏置截止，此时负载电压为 $u_L = 0$。

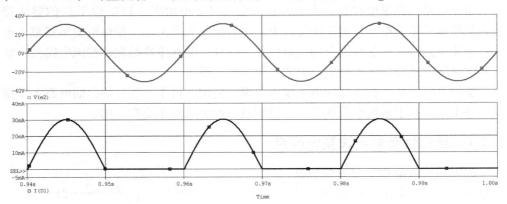

**图 1.4　纯阻性负载半波整流电路波形**

为分析各参数之间的关系，将负载电压 $u_L$ 波形采用傅里叶级数分解得

$$u_L = \sqrt{2}E_2\left(\frac{1}{\pi} + \frac{1}{2}\sin\omega t - \frac{2}{3\pi}\cos2\omega t - \frac{4}{15\pi}\cos4\omega t\cdots\right) \tag{1.1}$$

由式（1.1）可得，输出电压包含如下分量：

1）直流分量 $U_o = \sqrt{2}E_2/\pi = 0.45E_2$；

2）基波分量（频率为 $\omega$）的振幅 $U_{1m} = 0.7E_2$；

3）高次谐波中只有偶次分量，但其幅度比较小。

整流管中流过的电流和反向电压均不应超过其极限值，根据电流有效值通过整流管发热情况计算其允许电流值。对于半波整流电路，通过整流管的电流有效值（方均根值）$I_D$ 为

$$I_D = \sqrt{\frac{1}{2\pi}\int_0^\pi (\sqrt{2}E_2/R_L)^2\sin^2\omega t \mathrm{d}\omega t} = 1.57I_o \tag{1.2}$$

式（1.2）中 $I_o = U_o/R_L$ 为通过负载的输出电流平均值。$I_D$ 的数值为实际选择整流二极管的依据之一。

变压器二次侧负载为非线性阻抗，所以二次绕组中不仅含有直流电流还包含交流电流。两种电流均使变压器发热，发热情况决定变压器二次功率（容量）。因此变压器二次功率（容量）是变压器二次绕组流过的电流有效值与电压有效值之积，整理得：

$$P_2 = E_2I_2 = 3.49P_o \tag{1.3}$$

式（1.3）中 $P_o = I_oU_o$ 为直流输出功率。实际上 $P_2$ 并不代表变压器传输功率，而代表变压器二次侧伏安容量，由视在功率决定。

为了衡量不同整流方式所用变压器的经济性，可用变压器利用系数 $F_2$ 进行描述，计算公式为

$$F_2 = P_o/P_2 = 0.287 \tag{1.4}$$

为了获得特定直流输出功率 $P_o$，变压器二次功率（容量）$P_2$ 越小则变压器二次侧利用系数 $F_2$ 越大，即变压器越经济。

通常变压器一次功率（容量）$P_1$ 比其二次功率（容量）$P_2$ 小，主要因为二次绕组中的交流分量能够感应到一次绕组，而其直流成分无法感应到一次绕组。如果变压器一次侧、二次侧绕组的匝数之比 $n = w_1/w_2 = 1$，则一次绕组电流有效值为

$$I_1 = \sqrt{I_2^2 - I_o^2}$$

由于一次侧电流有效值 $I_1$ 小于二次侧电流有效值 $I_2$，因此变压器一次功率（容量）$P_1$ 小于二次功率（容量）$P_2$。所以变压器一次侧利用系数 $F_1$ 通常高于二次侧利用系数 $F_2$。

通常利用纹波因数 $\gamma$ 计量输出电压或电流中的交流成分，计算公式为

$$\gamma = \frac{\text{负载交流分量有效值}}{\text{直流分量}} = \frac{U_{Lac}}{U_o} = \frac{I_{Lac}}{I_o}$$

如已知负载电流有效值为 $I_L = \sqrt{I_o^2 + I_{Lac}^2}$，则交流分量有效值为 $I_{Lac} = \sqrt{I_L^2 - I_o^2}$，计算纹波因数 $\gamma$ 为

$$\gamma = \frac{I_{Lac}}{I_o} = \sqrt{\left(\frac{I_L}{I_o}\right)^2 - 1} \tag{1.5}$$

对于半波整流电路，负载电流有效值 $I_L$ 等于通过整流管的电流有效值 $I_D$，利用上式（1.5）求得纹波因数 $\gamma$ 为

$$\gamma = \sqrt{1.57^2 - 1} = 1.21$$

为便于查阅和对比，将各种整流电路的详细参数列于表 1.2 中。

## 1.2.2 纯阻性负载全波整流电路

纯阻性负载全波整流电路仿真原理图如图 1.5 所示，变压器二次绕组具有一个中心抽头，二次侧每个绕组电压均为 $e_2 = \sqrt{2}E_2\sin\omega t$。$e_2$ 在正半周时上半绕组电压使整流管 D1 正偏导通，下半绕组电压使 D2 反偏截止；$e_2$ 在负半周时 D2 导通而 D1 截止，负载电压波形如图 1.6 所示。负载电压波形由 D1 与 D2 轮流导通形成，因此输出直流分量和偶次谐波均为半波电路的 2 倍，而基波分量相互抵消，使得全波整流电路的纹波因数 $\gamma$ 大大减小（$\gamma = 0.48$）。

＊＊＊＊中心抽头变压器 Spice 模型 ＊＊＊＊

. SUBCKT XFMR – TAP 1 2 3 4 5 PARAMS：RATIO ＝3.91

E1 7 8 VALUE ＝ {V(1,2) ＊ RATIO}

G1 1 2 VALUE ＝ {I(VM1) ＊ RATIO}

RP 1 2 1MEG

RS 6 3 1U

Rfloat 1 4 100meg

＊Rfloat 防止变压器一次侧和一次侧悬空

VM1 7 6

E2 9 5 VALUE = {V(1,2)＊RATIO}

G2 1 2 VALUE = {I(VM2)＊RATIO}

R5 8 4 1U

VM2 9 8

. ENDS XFMR－TAP

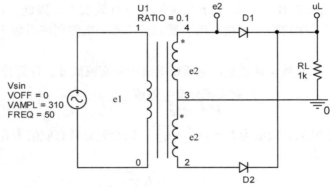

电网　　　变压器一次、二次绕组匝数比10:1

**图 1.5　纯阻性负载全波整流电路仿真原理图**

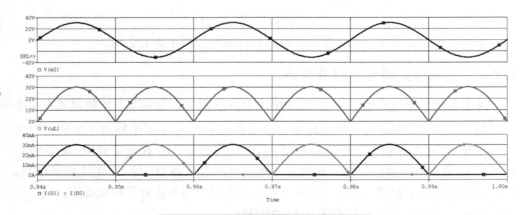

**图 1.6　纯阻性负载全波整流电路波形**

变压器二次功率（容量）等于上半和下半绕组功率（容量）之和，即

$$P_2 = 2E_2I_2 = 1.75P_o$$

$$(1.6)$$

通过式（1.6）可得，全波整流电路虽然比半波电路增加了一个二次绕组，但是由于所要求二次侧视在功率 $P_2$ 下降，所以变压器利用系数 $F_2$ 反而提高（$F_2$ = 0.574）。而且由于变压器二次侧上半和下半绕组中通过的直流分量方向相反，使得变压器铁心磁路中直流磁化相互抵消，变压器不易饱和。

## 1.2.3 纯阻性负载桥式整流电路

纯阻性负载桥式整流电路仿真原理图如图 1.7 所示，电源变压器二次绕组无中心抽头，四支整流管 D1 ~ D4 连接成桥式。$e_2$ 正半周时 D1 与 D3 导通，D2 与 D4 截止；$e_2$ 负半周时 D2 与 D4 导通，D1 与 D3 截止。整流桥输入电压波形与负载电阻 $R_L$ 电压波形如图 1.8 所示，与图 1.5 中全波整流电路波形相同。

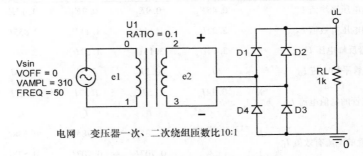

图 1.7 纯阻性负载桥式整流电路仿真原理图

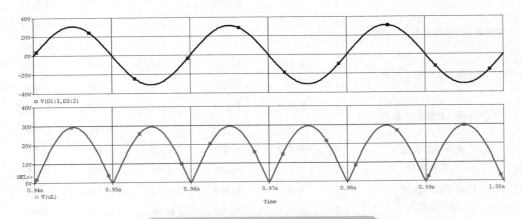

图 1.8 纯阻性负载桥式整流电路波形

桥式整流电路的最大特点为变压器二次绕组在整个周期中均有电流通过，且其电流波形接近正弦波，所以变压器二次绕组的电流有效值为

$$I_2 = \sqrt{2}I_D = 1.11I_o \qquad (1.7)$$

式（1.7）中 $I_D$ 为通过两臂整流管的电流有效值。因此变压器二次侧视在功

率同样很小，使得桥式整流电路的变压器利用系数最高（$F_2 = 0.813$）。而且由于变压器二次绕组本来就无直流分量，因此其一次与二次电流有效值相等（设变压器一次、二次绕组匝数比 $n = 1$），一次与二次视在功率 $P_1$ 与 $P_2$ 相同，变压器利用系数 $F_1$ 与 $F_2$ 相同。

各种整流电路特性对比见表 1.2，表 1.2 中不仅列出纯阻性负载单相整流电路性能，而且还列出感性负载电路特性。为便于比较，将两种三相电路性能也列于表 1.2 中。对电路进行仿真分析时可以利用平均值、有效值和峰值等函数对表 1.2 中数值进行测量，以验证仿真的正确性，希望读者能够独立完成该项测试任务。

**表 1.2　各种理想整流电路性能对比**

| 电路形式 | | 单相半波 | 单相全波 | 单相桥式 | 三相半波 | 三相桥式 |
|---|---|---|---|---|---|---|
| 输出电压平均值 $U_o$ | | $0.45E_2$ | $0.9E_2$ | $0.9E_2$ | $1.17E_2$ | $2.34E_2$ |
| 每相电压有效值 $E_2$ | | $2.22U_o$ | $1.11U_o$ | $1.11U_o$ | $0.855U_o$ | $0.428U_o$ |
| 整流管反峰电压 $U_{Rmax}$ | | $3.14U_o$ | $3.14U_o$ | $1.57U_o$ | $2.09U_o$ | $1.05U_o$ |
| 整流管平均电流 $I_{Do}$ | | $I_o$ | $0.5I_o$ | $0.5I_o$ | $0.33I_o$ | $0.33I_o$ |
| 通过每只整流管的峰值电流 $I_m$ | R | $3.14I_o$ | $1.57I_o$ | $1.57I_o$ | $1.21I_o$ | $1.05I_o$ |
| | L | / | $I_o$ | $I_o$ | $I_o$ | $I_o$ |
| 通过每只整流管的电流有效值 $I_D$ | R | $1.57I_o$ | $0.785I_o$ | $0.785I_o$ | $0.588I_o$ | $0.577I_o$ |
| | L | / | $0.707I_o$ | $0.707I_o$ | $0.577I_o$ | $0.577I_o$ |
| 变压器二次侧每臂电流有效值 $I_2$ | R | $1.57I_o$ | $0.785I_o$ | $111I_o$ | $0.588I_o$ | $0.816I_o$ |
| | L | / | $0.707I_o$ | $I_o$ | $0.577I_o$ | $0.816I_o$ |
| 变压器一次侧每臂电流有效值 $I_1$ | R | $1.21I_o$ | $1.11I_o$ | $1.11I_o$ | $0.588I_o$ | $0.816I_o$ |
| | L | / | $I_o$ | $I_o$ | $0.471I_o$ | $0.816I_o$ |
| 变压器二次绕组功率 $P_2$ | R | $3.48P_o$ | $1.74P_o$ | $1.22P_o$ | $1.50P_o$ | $1.05P_o$ |
| | L | | $1.57P_o$ | $1.11P_o$ | $1.48P_o$ | $1.05P_o$ |
| 变压器一次绕组功率 $P_1$ | R | $2.69P_o$ | $1.23P_o$ | $1.23P_o$ | $1.50P_o$ | $1.05P_o$ |
| | L | | $1.11P_o$ | $1.11P_o$ | $1.21P_o$ | $1.05P_o$ |
| 变压器二次侧利用系数 $F_1$ | R | 0.287 | 0.574 | 0.813 | 0.666 | 0.955 |
| | L | / | 0.636 | 0.90 | 0.675 | 0.955 |
| 变压器一次侧利用系数 $F_1$ | R | 0.372 | 0.813 | 0.813 | 0.666 | 0.955 |
| | L | / | 0.90 | 0.90 | 0.827 | 0955 |
| 每周输出脉动次数 | | 1 | 2 | 2 | 3 | 6 |
| 纹波因数 $\gamma$ | | 1.21 | 0.48 | 0.48 | 0.18 | 0.042 |
| 脉动系数 $s$ | | 1.57 | 0.667 | 0.667 | 0.25 | 0.057 |

注：1. 变压器和整流器均为理想器件（忽略内阻）。

　　2. 表中 R 为纯阻性负载；L 为感性负载。

　　3. 变压器一次、二次绕组匝数比 $n = 1$。

## 1.3 纯阻性负载三相整流电路

对于中等功率（1~50kW）的电源整流设备，或者仅由小型三相发电机组供电的场合，宜采用三相整流电路，其特点如下：

1）以相同的交流相电压输入，整流电压比单相电路高。

2）整流电压纹波较小、纹波频率较高，所以输出纹波易于滤除。

3）三相整流电路对三相电网负荷均衡——对于功率较大的整流设备尤为重要。

4）三相整流电路的缺点是三相变压器结构比较复杂，使用整流器件比较多，所以很少用于小功率电气设备。

### 1.3.1 纯阻性负载三相半波整流电路

纯阻性负载三相半波整流电路仿真原理图如图 1.9 所示，变压器一次侧通常为三角形联结，而二次侧为星形联结。此处将变压器省略，直接利用三路正弦波电压源代替变压器二次输出电压。如果电网为三相对称系统，则变压器二次相电压对中性点相差 $2\pi/3$ 轮流工作，两只整流管不会同时导通。

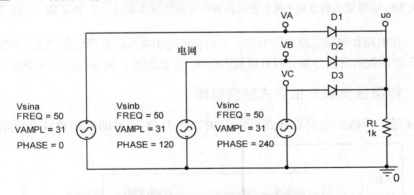

图 1.9 纯阻性负载三相半波整流电路仿真原理图

整流电路波形如图 1.10 所示，A 相和 C 相的相电压对中性点电压均为正值，但只有 A 相整流管 D1 导通，而 C 相整流管 D3 截止。主要因为 D1 得到 Vsina 的正向电压而导通，整流管 D3 的正极虽然得到 C 相 Vsinc 的正向电压，但由于整流管 D1 的导通使 D3 的负极得到比 Vsinc 更大的瞬时电压 Vsina，从而使整流管 D3 反偏截止。由此可见，三相整流电路中不能认为某相瞬时电压为正则该相所连接的整流管就会导通，而是只有瞬时电压最大相的整流管导通。由图 1.10 可见，在一个周期中 A、B、C 三相分别在三段时间轮流导通，其相电压分别为 VA、VB、VC，每只整流管导电时间为 $T/3$。因此整流器负载 RL 上取得的单相电压 uo 即为各相电压的包络线。整流电压的极性以整流器件的公共端为正，变压器二次侧中性点为负。如果所接整流管全部反接，则所得单相电压极性也相反。

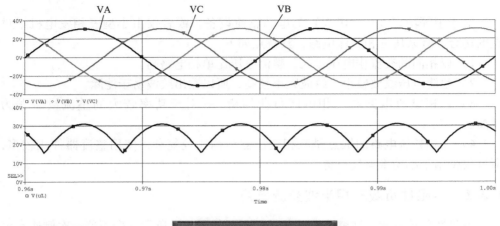

| Probe Cursor | | |
| --- | --- | --- |
| A1 = | 967.483m, | 22.035 |
| A2 = | 967.483m, | 7.8625 |
| dif= | 0.000, | 14.173 |

**图 1.10　纯阻性负载三相半波整流电路波形及某时刻 A 相（A1）和 C 相（A2）数据**

将三相电路和单相电路比较可知，三相整流输出电压的直流分量较大，纹波成分仅存在以 3 为倍数的谐波分量，而且最低次谐波（3 次谐波）的幅度比单相电路小得多。

## 1.3.2　纯阻性负载三相桥式整流电路

为了进一步改善电路性能，可以采用如图 1.11 所示的三相桥式整流电路，该

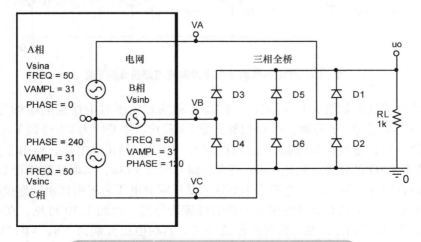

**图 1.11　纯阻性负载三相桥式整流电路仿真原理图**

电路和单相桥式电路一样无需中心抽头。如果将图 1.11 中的整流管 D5 和 D6 去掉就构成了由 D1 ~ D4 组成的单相桥式整流电路——对 A – B 两相之间的线电压进行整流。而单相和三相电路的区别仅是整流管导通次序及导通角度不同。

由三相半波整流电路可知，三个负极相连的整流管轮流导通，每只整流管的导通角为 120°。一旦整流管正极电压最高相导通之后，公共负极电压就几乎等于该最高电压，因而另外两只整流管必定截止，如图 1.11 中奇数组 D1、D3、D5 的导电状况。对于偶数组 D2、D4、D6 三只正极相连的整流管也有类似状况，即当整流管反相电压最低相导通之后，公共正极电位就几乎等于该反向最高电压幅度，因而另外两只整流管必定截止。

如图 1.12 所示整流电路波形中，967ms 时刻，相对于 B 相和 C 相电压，A 相电压 VA 为正向最高，因而奇数组中 D1 导通；而此时，相对于 A 相和 C 相电压，B 相电压 VB 为反向最高，偶数组中 D4 导通，其余四只整流管均处于截止状态，其电流回路为 O – VA – D1 – RL – D4 – VB – O。

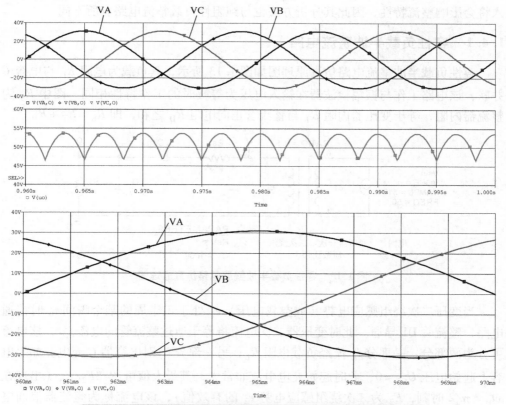

**图 1.12　纯阻性负载三相桥式整流电路波形及半周期放大波形**

同理，963ms 时刻，整流管 D1 和 D6 导通，其电流回路为 O – VA – D1 – RL –

D6 - VC - O。依次类推，负载电阻 RL 上所得瞬时电压等于该瞬间正电压与负电压之差，由负载电阻两端电压 V(uo) 可得输出电压的最大时刻与最小时刻。输出整流电压的平均分量为三相半波整流电路输出电压的 2 倍，而每周期输出的脉动次数为电源频率的 6 倍，纹波幅度更小。

变压器二次侧每相电压在正半周时的导通角为 120°，在负半周时导通角同样为 120°，即每个周期导通 240°。所以三相桥式整流电路同样为全波整流电路，此时变压器利用系数 $F$ 接近 1（$F = 0.955$）。因此三相桥式整流电路在大功率整流设备中得到广泛应用。

## 1.4 容性负载整流电路

由于单相纯阻性负载电路的输出纹波较大，而多相电路又比较复杂，因此纯阻性负载电路极少使用。为了平滑输出纹波，常用电抗性负载整流电路，但是电容接入将会影响整流特性，因此其分析方法也与纯阻性负载整流电路有所不同。

### 1.4.1　容性负载半波整流电路

容性负载半波整流电路仿真原理图如图 1.13 所示，其负载为电阻 $R_L$ 与电容 $C$ 并联，该电路工作与振幅检波器在输入电压为等幅时的工作特性相同。图中 $R_S$ 为整流器内阻，等于变压器内阻 $R_T$ 与整流管正向电阻 $R_D$ 之和，即 $R_S = R_T + R_D$。

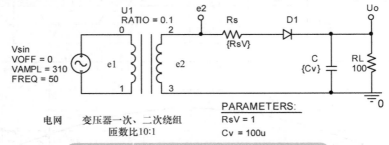

**图 1.13　容性负载半波整流电路仿真原理图**

当变压二次绕组感应电势（或空载电压）$e_2$ 处于正半周的某个瞬间 $t_0$ 时接通电路，整流管 D1 导通。此时变压器二次电流将等于通过整流管的电流 $i_{D1}$，该电流可分为两部分：一部分 $i_L$ 流经负载电阻 $R_L$；另一部分 $i_C$ 对电容器 $C$ 充电。如果电容上起始电压 $U_{C0} = 0$，此时起始充电电流非常大，其最大值可达 $\sqrt{2}E_2/R_S$（出现在 $\omega t_0 = \pi/2$ 时刻，$E_2$ 为二次绕组感应电势 $e_2$ 的有效值），该电流称为整流器浪涌电流。充电电流使电容器电压增大，充电快慢取决于充电时间常数 $\tau_1$，其值为

$$\tau_1 = \frac{R_L R_S}{R_L + R_S} C \approx R_S C \tag{1.8}$$

$R_S$ 和 $C$ 越小充电越快。由图1.14所示整流电路波形可知，当电容 $C$ 上的电压 $u_C$ 和 $e_2$ 的瞬时值相等时整流管截止，$i_{D1} = 0$。于是电容 $C$ 上的电压通过负载电阻 $R_L$ 放电，放电快慢取决于放电时间常数 $\tau_2$，其值为

$$\tau_2 = R_L C \tag{1.9}$$

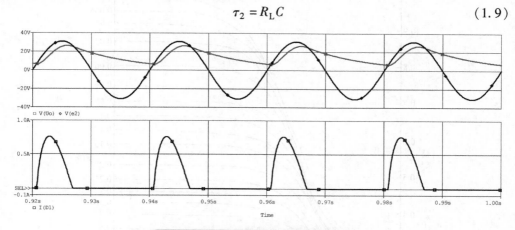

图 1.14　容性负载半波整流电路波形

由于 $R_L \gg R_S$，所以 $\tau_2 \gg \tau_1$，因而放电比充电慢得多。当 $e_2$ 在第二个周期开始其瞬时值较小时，虽然 $e_2 > 0$，但整流管仍然不会导通，因为此时电容上的电压 $u_C$ 并未为零，只有在 $e_2 \geqslant u_C$ 的瞬间，整流管才会导电。此时导通电流中的一部分再次对电容充电，使电容上的电压 $u_C$ 进一步升高，直至 $e_2$ 的瞬时值再次小于 $u_C$，整流管截止使电容重复其放电过程。经过若干周期后，充放电过程达到动态平衡，输出电压相对平稳。

将容性电路与纯阻性负载电路对比可知，容性电路输出电压 $U_o$ 比纯阻性负载电路输出电压高、纹波小。电压 $U_o$ 高主要是由于电容 $C$ 的储能作用，纹波小主要是由于电容 $C$ 的滤波作用。特别需要指出，容性负载电路整流管的电流导通角度不再为 $180°$，由图1.14中二极管电流波形可知，其导通角大小与 $\omega$、$C$、$R_L$、$R_S$ 等系数均有关系。

为了求得容性负载整流电路输出电压 $U_o$ 与变压器二次电压有效值 $E_2$ 的关系，必须求解十分复杂的解析公式，计算也非常复杂。应用最广泛的方法为利用图1.15～图1.19的一组曲线进行设计。该组曲线根据实验数据绘制而成，精度非常高。

图1.15为半波整流电路输出直流电压 $U_o$ 与变压器二次侧峰值电压 $\sqrt{2}E_2$ 的比值同电路参数 $\omega C R_L$ 的关系，并以 $R_S/R_L$ 为参变量。由图1.15可知，$\omega C R_L$ 越大输出电压 $U_o$ 越高。因为 $\omega C R_L$ 越大整流管截止期间电容放电越慢，电压下降越少，因而 $U_o$ 越高。而且 $R_S/R_L$ 越小，输出电压 $U_o$ 也越高。因为较小的 $R_S$ 使得整流管导通期间电容充电加快，同时内阻压降减小，因而 $U_o$ 越高。例如，当 $R_S = 0$、

$\omega CR_L$ 很大时输出电压 $U_o$ 可达 $e_2$ 的峰值，即 $U_o = \sqrt{2}E_2$。当电容 $C = 0$、$R_S = 0$ 时由图 1.15 可知$U_o/\sqrt{2}E_2 = 0.32$，与纯阻性负载时一致。

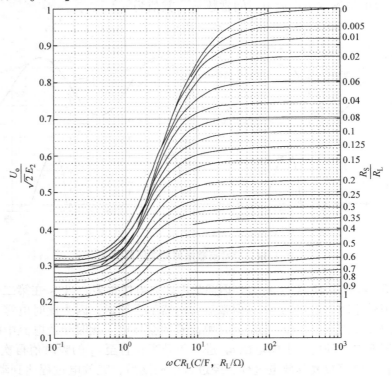

**图 1.15　容性负载单相半波整流电路输出电压 $U_o$ 与电路参数的关系**

因此为了在给定 $E_2$ 情况下得到尽可能高的输出电压 $U_o$，应尽量增大滤波电容 $C$ 并且设法减小内阻 $R_S$。利用图 1.15 所示的曲线，并且结合实际负载电阻 $R_L$ 值，由已知的 $C$ 和 $R_S$ 值求得 $U_o$ 与 $\sqrt{2}E_2$ 之比。例如，当 $\omega CR_L = 10$、$R_S/R_L = 0.05$ 时 $U_o/\sqrt{2}E_2 \approx 0.7$，即 $E_2 \approx U_o$。

整流管截止时，其两端最大反向电压为电容器两端电压和变压器二次电压之和，即 $U_{Rmax} = U_o + \sqrt{2}E_2$。又因为 $U_o$ 的最大值为$\sqrt{2}E_2$，所以

$$U_{Rmax} = 2\sqrt{2}E_2 \qquad (1.10)$$

容性负载整流电路通过整流管的电流有效值 $I_D$、峰值电流 $I_m$ 与通过每个整流管的平均电流 $I_{D0}$ 的比值和电路参数 $\omega CR_L$ 的关系如图 1.18 所示。半波整流时 $n = 1$，全波和桥式整流时 $n = 2$，倍压整流时 $n = 0.5$。对于半波整流电路，通过整流管的平均电流 $I_{D0} = I_o$。如果 $C = 0$，则此时通过整流管的电流有效值 $I_D = 1.57I_o$，与纯阻性负载时一致。随着 $\omega CR_L$ 增大和 $R_S/R_L$ 减小，$I_D/I_{D0}$ 逐渐增大，而且通过整

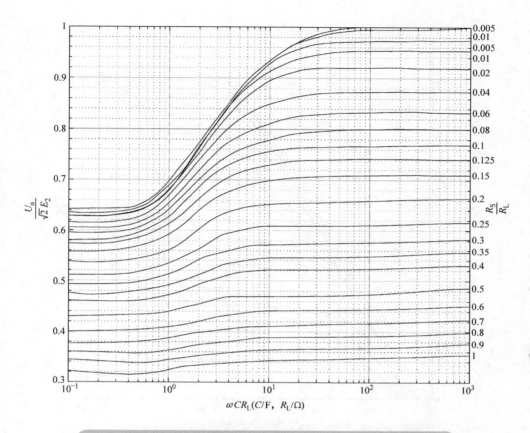

**图 1.16　容性负载单相全波整流电路输出电压 $U_o$ 与电路参数的关系**

流管的峰值电流 $I_m$ 与平均电流 $I_{D0}$ 之比也有类似的关系。主要由于 $R_S$ 的减小或者 $\omega CR_L$ 的增大致使整流管的电流导通角 $\Delta\theta$ 减小。为了维持指定平均电流 $I_o$，电流脉冲振幅 $I_m$ 必然增大，电流有效值 $I_D$ 也将增大。

　　通过整流管的峰值电流 $I_m$ 和电流有效值 $I_D$ 的增加将使整流管工作条件恶化。由于整流管的功耗根据有效值计算，如果通过整流管的整流电流（平均值）未超过允许值，而有效值却超过允许值，则整流管仍可能过热而烧毁。但是数据手册上并未给出整流管允许电流有效值，仅给出最大整流电流 $I_{FM}$，所以通常利用式（1.11）校验整流管中通过的电流有效值：

$$I_D < 1.571 I_{FM} \tag{1.11}$$

　　利用图 1.19 中所示的曲线，可由已知的 $\omega CR_L$ 和 $R_S/R_L$ 值求得 $I_D$ 和 $I_m$ 的比值。例如半波整流电路 $n=1$、$\omega CR_L = 10$、$R_S/R_L = 0.05$ 时，由图 1.19 可得 $I_D = 2.2 I_{D0} = 2.2 I_o$、$I_m = 6.2$。

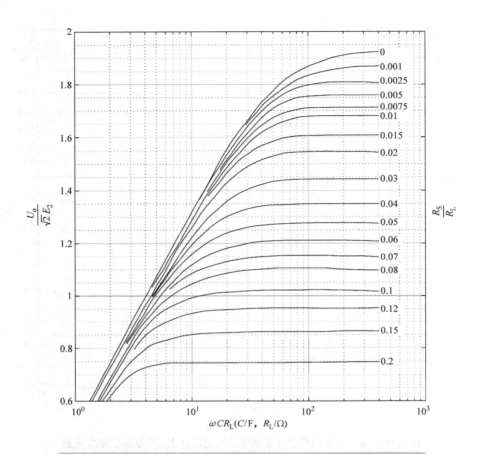

**图 1.17　容性负载二倍压整流电路输出电压 $U_o$ 与电路参数的关系**

　　纹波因数 $\gamma$ 和 $\omega CR_L$ 以及 $R_S/R_L$ 的关系曲线如图 1.19 所示。由图 1.19 可见，$\omega CR_L$ 越大 $\gamma$ 越小，而受 $R_S/R_L$ 的影响比较小。纯阻性负载的纹波因数（半波纹波因数 $\gamma = 121\%$）由图 1.19 中 $C = 0$ 处可求得。根据给定 $\omega$、$C$、$R_L$、$R_S$ 由图 1.19 可求得纹波因数 $\gamma$。例如当 $\omega CR_L = 10$、$R_S/R_L = 0.05$ 时，$\gamma = 15\%$。

　　为了说明输出电压 $U_o$ 的调整性能，利用整流电路的外特性曲线对其进行描述，图 1.20 为容性负载半波整流电路的外特性曲线。由图 1.20 可知，负载电流 $I_o$ 越大输出电压 $U_o$ 越低，与图 1.15 所示关系一致。例如，当 $I_o = 0$ 时相当于负载开路（$R_L = \infty$），此时输出电压 $U_o$ 达到峰值 $\sqrt{2}E_2$。当 $I_o$ 增大时相当于 $R_L$ 减小，输出电压 $U_o$ 下降。当 $I_o$ 很大时相当于 $R_L$ 很小，并联的滤波电容作用很小，如果 $R_S = 0$，由图 1.15 可得 $U_o = 0.32\sqrt{2}E_2 \approx 0.45E_2$，与纯阻性负载整流状态一致。

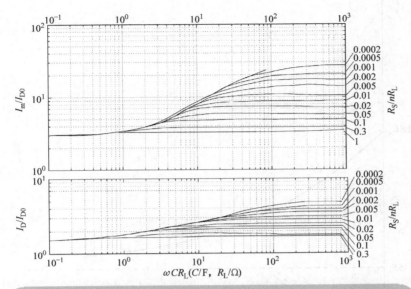

**图 1.18　容性负载整流电路通过整流管的电流有效值 $I_D$、峰值电流 $I_m$**
**（相对于每只整流管的平均电流 $I_{D0}$）与电路参数 $\omega CR_L$ 的关系曲线**

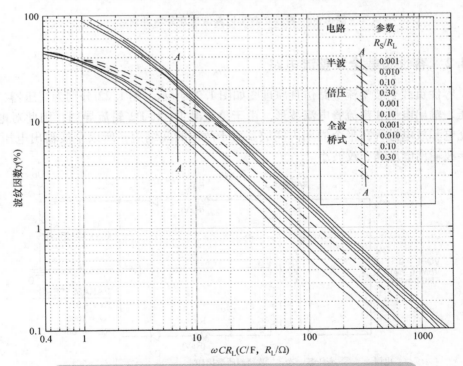

**图 1.19　容性负载单相整流电路纹波因数 $\gamma$ 与电路参数的关系曲线**

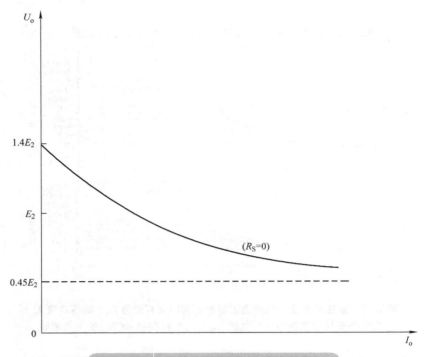

**图 1.20　容性负载半波整流电路外特性曲线**

## 1.4.2　容性负载全波整流电路

　　容性负载全波整流电路仿真原理图如图 1.21 所示，图 1.22 分别为变压器二次电压、输出电压和整流管电流波形。由于整流管 D1 和 D2 轮流导通，因此对电容器充电和放电过程在半个周期内完成。由于放电时间缩短，所以全波输出电压 $U_o$ 比半波输出电压高、纹波小。

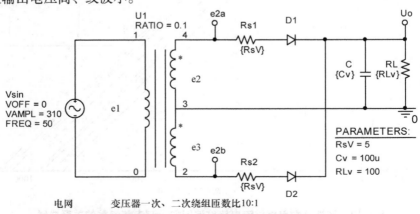

**图 1.21　容性负载全波整流电路仿真原理图**

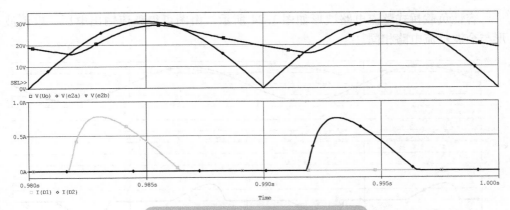

图 1. 22　容性负载全波整流电路波形

对比图 1.16 与图 1.15 可得，给定 $R_S$ 和 $R_L$ 时全波整流电路输出电压比半波整流电路输出电压高。而且当 $\omega CR_L \rightarrow 0$ 且 $R_S = 0$ 时，$U_o = 0.64 \times \sqrt{2}E_2 \approx 0.92E_2$，相当于纯阻性负载全波整流。当给定 $\omega CR_L$ 和 $R_S/R_L$ 时，即可根据图 1.16 所示的曲线求得 $U_o/\sqrt{2}E_2$ 之值。例如，当 $\omega CR_L = 10$ 且 $R_S/R_L = 0.05$ 时，求得 $U_o = 1.14E_2$。

通过每只整流管的电流有效值 $I_D$ 和峰值电流 $I_m$ 仍可由图 1.18 所示的曲线进行查询，此时 $n = 2$。由于输出电流 $I_o$ 为每只整流管的平均电流 $I_{D0}$ 之和，所以 $I_{D0} = 0.5I_o$。例如，当 $\omega CR_L = 10$ 且 $R_S/R_L = 0.05$ 时，$n\omega CR_L = 20$，$R_S/nR_L = 0.025$。由曲线可得 $I_D/I_{D0} = 2.5$，因此通过变压器二次绕组的电流有效值 $I_2 = I_D = 1.25I_o$，$I_m/I_{D0} = 7.4$，所以峰值电流 $I_m = 3.7I_o$。由于变压器二次绕组具有中心抽头，因此变压器二次功率为

$$P_2 = 2E_2I_2 \tag{1.12}$$

纹波因数 $\gamma$ 由图 1.19 曲线进行求取，例如，$\omega CR_L = 0.05$ 时 $\gamma = 6\%$。

## 1.4.3　容性负载桥式整流电路

容性负载桥式整流电路仿真原理图如图 1.23 所示，在正半周期整流管 D1 和 D3 导通，在负半周期整流管 D2 和 D4 导通。

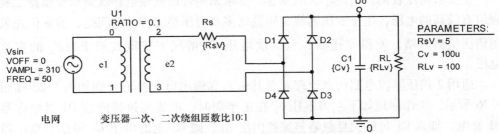

图 1.23　容性负载桥式整流电路仿真原理图

容性负载桥式整流电路波形如图 1.24 所示，由图可得整流输出电压、电流波形与全波整流电路相同。

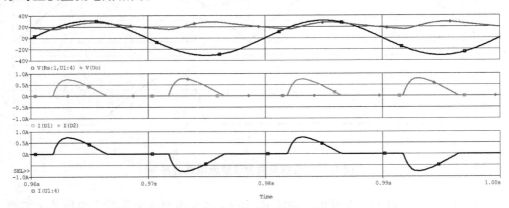

图 1.24　容性负载桥式整流电路波形

对于桥式整流电路，变压器二次绕组电流有效值 $I_2$ 由图 1.24 中的曲线 I（U1：4）可得，在一个周期中有正、负极性的脉冲电流。如果通过任一只整流管的电流有效值为 $I_D$，则

$$I_2 = \sqrt{2} I_D \tag{1.13}$$

例如，当 $\omega C R_L = 10$ 且 $R_S / R_L = 0.05$ 时，求得 $I_D = 1.25 I_o$（与全波整流电路相同），但变压器二次电流 $I_2 = 1.8 I_o$。

由于整流反峰电压由两只串联的整流管分担，所以桥式整流每只整流管截止时所受反峰电压为全波整流时反峰电压的一半，即 $\sqrt{2} U_{Rmax} / 2$。

综上所述，桥式整流几乎保持了全波整流的所有优点，如输出电压高、负载特性好、纹波小等，变压器二次侧仅有一个绕组，既减小了变压器二次侧的伏安容量，又简化了结构，因此在工程应用中最为广泛。

### 1.4.4　容性负载 2 倍压整流电路

在要求电压较高而电流不大的场合，如果采用普通整流电路就要求变压器二次绕组有较高的电压，由于变压器绕组匝数增多及耐压绝缘等工艺问题，通常优先采用倍压整流电路，使得变压器在低二次电压 $E_2$ 情况下获得数倍于 $\sqrt{2} E_2$ 的直流电压。

通用 2 倍压整流电路仿真原理图及其输入和输出电压波形分别如图 1.25 和图 1.26 所示，工作原理如下：当电压 $e_2$ 在正半周时，电流通过整流管 D1 对电容器 C1 充电，如果 C1 足够大且忽略整流器内阻 $R_S$，则 C1 上的电压 $U_1$ 可达到变压器二次峰值电压 $\sqrt{2} E_2$；当电压 $e_2$ 在负半周时，D1 截止，电流通过 D2 对 C2 充电，其

电压 $U_2$ 也可充至峰值 $\sqrt{2}E_2$。最终负载两端就可得 2 倍于峰值电压之值：$U_o = U_1 + U_2 = 2\sqrt{2}E_2$，通过每只整流管的平均电流 $I_{D0}$ 等于负载电流 $I_o$。

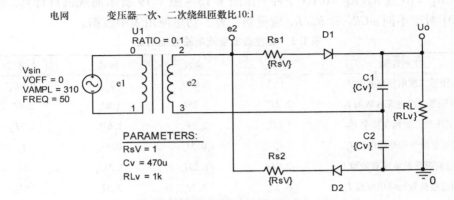

**图 1.25  2 倍压整流电路仿真原理图**

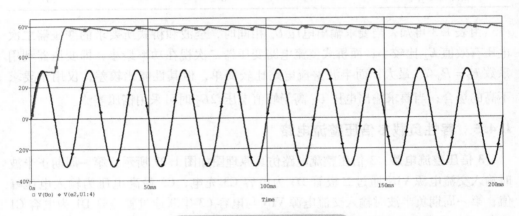

**图 1.26  2 倍压整流电路波形**

实际上由于电容在整流管截止期间放电及整流器内阻（$R_S = R_T + R_D$）的影响，整流器输出电压 $U_o$ 达不到上述峰值电压的 2 倍，通常利用图 1.17 中曲线进行计算，此时假定 $C_1 = C_2 = C$。例如，当 $\omega CR_L = 10$ 且 $R_S/R_L = 0.05$ 时，可得 $U_o/\sqrt{2}E_2 = 1.18$，即 $E_2 = 0.6U_o$。

通过每只整流管的有效值电流 $I_D$ 及峰值电流 $I_m$ 由图 1.18 所示曲线进行计算，此时 $n = 0.5$。例如，当 $\omega CR_L = 10$ 且 $R_S/R_L = 0.05$ 时 $I_D = 2I_o$、$I_m = 5I_o$。由于通过变压器二次绕组电流由正负两个周期脉冲合成，所以

$$I_2 = \sqrt{2}I_D = 2.8I_o \tag{1.14}$$

2 倍压整流电路的纹波因数 $\gamma$ 由图 1.19 进行计算，其大小介于半波整流和全

波整流之间，例如，当 $\omega CR_L = 10$ 且 $R_S/R_L = 0.05$ 时，$\gamma = 10\%$。

利用表 1.3 对上述 4 种容性负载基本整流电路特性进行对比，表 1.3 中数据按照 $\omega CR_L = 10$ 且 $R_S/R_L = 0.05$ 条件下由图 1.15 ~ 图 1.19 所示曲线进行计算。实际计算中对于不同 $\omega CR_L$ 和 $R_S/R_L$ 应重新计算，切忌使用表中数据。

表 1.3　容性负载整流电路性能对比

| 主要性能 | 半波 | 全波 | 桥式 | 2 倍压 |
| --- | --- | --- | --- | --- |
| 变压器二次电压有效值 $E_2$ | $U_o$ | $0.87U_o$ | $0.87U_o$ | $0.6U_o$ |
| 变压器二次电流有效值 $I_2$ | $2.2I_o$ | $1.25I_o$ | $1.8I_o$ | $2.8I_o$ |
| 变压器二次视在功率 $P_2$ | $2.2P_o$ | $2.2P_o$ | $1.6P_o$ | $1.7P_o$ |
| 通过整流管的平均电流 $I_{Do}$ | $I_o$ | $0.5I_o$ | $0.5I_o$ | $I_o$ |
| 通过整流管的电流有效值 $I_D$ | $2.2I_o$ | $1.25I_o$ | $1.25I_o$ | $2I_o$ |
| 通过整流管的峰值电流 $I_m$ | $6.2I_o$ | $3.7I_o$ | $3.7I_o$ | $5I_o$ |
| 整流管承受的反峰电压 $U_{Rmax}$ | $2.4U_o$ | $2.2U_o$ | $1.1U_o$ | $1.4U_o$ |
| 纹波因数 $\gamma$（%） | 15 | 6 | 6 | 10 |

由表 1.3 可知，当要求输出电压 $U_o$ 相同时，全波和桥式所要求的变压器二次电压有效值 $E_2$ 比较小；而桥式整流电路变压器二次视在功率最小，即变压器利用系数 $F_2 = P_o/P_2$ 最大；而半波整流电路比较简单，但其性能比较差，仅用于要求不高的场合；当要求输出电压 $U_o$ 高于峰值电压 $\sqrt{2}E_2$ 时可采用倍压整流。

## 1.4.5　容性负载多倍压整流电路

**3 倍压整流电路**：3 倍压整流电路仿真原理图如图 1.27 所示。第一周期正半波时输入交流电源 VIN 通过二极管 D3 为电容 C3 充电，C3 最高电压为输入电压峰值；第一周期负半波时输入交流电源 VIN 与电容 C3 串联通过整流管 D1 为电容 C1 充电，C1 最高电压为输入电压峰值的 2 倍；第二周期正半波时输入交流电源 VIN 与电容 C1 串联通过整流管 D2 为电容 C2 充电，C2 最高电压为输入电压峰值的 3 倍，此时 VIN 同时为 C3 充电，依次循环进行，实现 3 倍压整流。

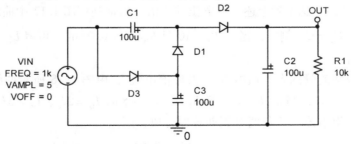

图 1.27　3 倍压整流电路仿真原理图

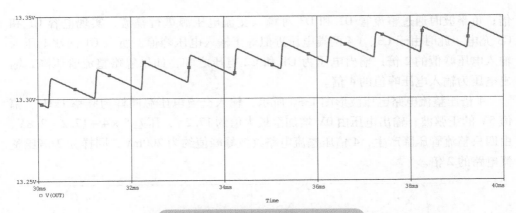

**图 1.28　3 倍压整流电路电压波形**

3 倍压整流电路电压波形如图 1.28 所示，输入交流电压源同样为频率 1kHz、幅值 5V 的正弦波；输出电压由 0V 增加至最大值约 13.35V，压差 $(5 \times 3 - 13.35)\text{V} = 1.65\text{V}$ 由 3 只约 0.5V 整流管压降产生。

每只整流管的反向耐压均为 2 倍输入电压峰值，所以实际选型时整流管反相耐压值应高于输入电压峰值的 2 倍；电容 C1、C2 和 C3 的工作电压分别为输入电压峰值的 1 倍、2 倍和 3 倍，实际选型时务必满足耐压要求。焊接印制电路板时务必保证电解电容或者钽电容的极性，避免将其损坏。

**4 倍压整流电路**：将两组级联 2 倍压整流电路串联构成 4 倍压整流电路，其仿真原理图如图 1.29 所示；正半波时通过整流管 D2 和 D4 对输入交流电压源进行整流，实现电容 C2 和 C4 充电，此时由于 C4 两端电压近似等于输入电压峰值，由于 C3 两端电压同样近似等于输入电压峰值，所以 C2 两端电压为输入电压峰值的 2

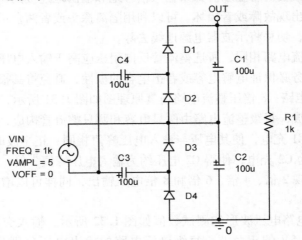

**图 1.29　4 倍压整流电路仿真原理图**

倍；负半波时通过整流管 D1 和 D3 对输入交流电压源进行整流，实现电容 C1 和
C3 充电，此时由于 C3、C4 两端电压近似等于输入电压峰值，所以 C1 两端电压为
输入电压峰值的 2 倍；输出电压为 C1 和 C2 电压之和，如果忽略整流管压降，输
出电压为输入电压峰值的 4 倍。

4 倍压整流电路电压波形图 1.30 所示，输入交流电压源同样为频率 1kHz、幅
值 5V 的正弦波；输出电压由 0V 增加至最大值约 17.2V，压差 5 × 4 − 17.2 = 2.8V，
由四只整流管压降产生，4 倍压整流电路纹波峰峰值约为 200mV，同样为 2 倍压整
流电路的 2 倍。

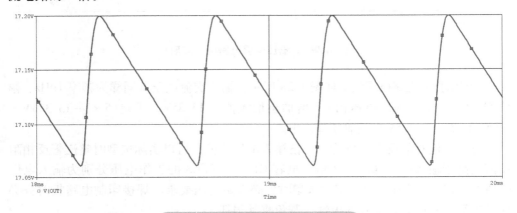

**图 1.30  4 倍压整流电路电压波形**

由于输入交流源与输出整流电压不共地，所以实际测试时示波器和数表地线连
接需要谨慎。通常示波器将每个探针的地线在其内部连接到一起，使得实际测试波
形不能在同一示波器屏幕显示。如果输入信号地和输出地连接到一起将导致印制电
路板或者示波器出现故障或者损坏。可以利用隔离探头或者两台示波器对 4 倍压整
流电路进行测试，切忌将示波器电源地线去除。

与 2 倍压整流电路相同，所选整流管反向耐压应高于输入电压峰值的 2 倍；焊
接印制电路板时务必保证电解电容或者钽电容的极性，避免将其损坏。

**8 倍压整流电路**：8 倍压整流电路仿真原理图如图 1.31 所示，通过 4 级相同的
整流电路串联而成，每级整流电路由两只电容和两只整流管构成；负半波时输入交
流源通过 D1 为 C1 充电，使其电压与输入电压峰值相同；正半波时输入电压与 C1
串联，通过 D2 为 C2 充电，使得 C2 电压约为输入电压峰值 2 倍；每级电路工作原
理相同，从而实现 2 倍、4 倍、6 倍和 8 倍电压输出，同样可以增加串联级数以提
高输出电压值。

8 倍压整流电路电压波形和测试数值如图 1.32 所示，输入交流电压源同样为
频率 1kHz、幅值 5V 的正弦波；每级倍压电路的输出电压分别为 8.6V、17.2V、
25.7V 和 34.2V（四舍五入），分别对应 2 倍、4 倍、6 倍和 8 倍整流，电压误差主

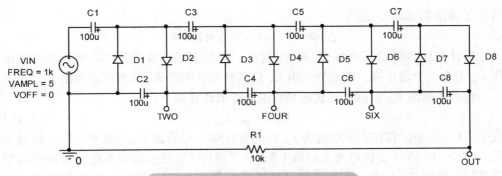

图1.31 8倍压整流电路仿真原理图

要由整流管压降产生。

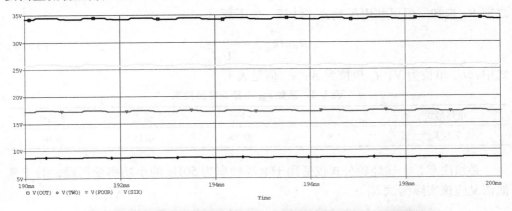

图1.32 8倍压整流电路电压波形和测试数据

## 1.4.6 容性负载整流电路设计总结

由图 1.15～图 1.19 所示的曲线可知，根据电路参数 $\omega$、$C$、$R_L$、$R_S$ 确定 $U_o$、$I_D$、$I_m$ 及 $\gamma$ 等数据，依此设计各种容性整流电路（除多倍压整流电路以外）。该设计方法虽然比用简单经验公式估算稍为复杂，但准确性较高，很少因变压器参数估计不准确而造成报废或返工，所以该方法适合工程设计使用。

必须注意，图 1.13 中变压器二次绕组电压 $E_2$ 指空载电压，而计算变压器匝数时需要"有载时的电压有效值 $U_2$"。两电压之差等于二次绕组电流有效值 $I_2$ 在变压器内阻 $R_T$ 上的压降，即 $U_2 = E_2 - I_2 R_T$。该电压差的百分数称作变压器二次绕组

的电压调整率 $\Delta u\%$ ，记为

$$\Delta u\% = (1 - U_2/E_2) \times 100\%$$

设计变压器时切不可将 $E_2$ 和 $U_2$ 混淆，否则制成的变压器二次电压及整流电压 $U_o$ 均会大于设计值。整流器内阻 $R_S$ 包括整流管内阻 $R_D$ 和变压器内阻 $R_T$ 。

整流管内阻 $R_D$ 根据整流管的平均电阻近似计算如下：

$$R_D = U_{D0}/I_{D0} \tag{1.15}$$

式中， $U_{D0}$ 为整流管在正向电流为 $I_{D0}$ 时的管压降，硅管的 $U_{D0} = 0.6 \sim 1V$ ，锗管的 $U_{D0} = 0.2 \sim 0.5V$ （工作电流大时取上限）。管压降 $U_{D0}$ 之值也可根据手册所给的整流管特性曲线决定； $I_{D0}$ 为通过每只整流管的平均电流，单相半波和倍压整流时 $I_{D0} = I_o$ ，单相全波和桥式整流时 $I_{D0} = 0.5I_o$ 。

变压器内阻 $R_T$ 包括二次电阻和一次侧损耗的反映电阻，虽然在变压器绕制好之前 $R_T$ 未知，但可利用经验公式计算，如下所示：

$$R_T = k_m \frac{U_o}{I_o^4 \sqrt{U_o I_o}} \tag{1.16}$$

式中， $U_o$ 单位为 V ； $I_o$ 单位为 A ； $k_m$ 值见表1.4。

**表1.4    系数 $k_m$ 与整流电路关系**

| 电路形式 | 半波 | 全波 | 桥式 | 2 倍压 |
|---|---|---|---|---|
| 系数 $k_m$ | 0.9 | 0.18 | 0.15 | 0.04 |

必须注意，上述经验公式仅适用于电源频率为 50Hz 的小功率变压器，对于其他情况应该实际测试 $R_T$ 。

## 1.4.7    容性负载整流电路设计实例

设计容性负载整流电路，要求：输出电压 $U_o = 36V$ ，负载电流 $I_o < 5A$ ，纹波因数 $\gamma < 5\%$ 。

设计步骤：

1. 选择图1.23 所示的容性负载桥式整流电路

2. 整流管选择

选择 $I_{FM} = 3A$ 、反向峰值电压 100V 的整流管 1N5401，满足每只整流管的平均电流 $I_{D0} = 2.5A$ 的要求。

3. 估算硅整流器内阻

硅管 1N5401 在 $I_{D0} = 2.5A$ 时的压降 $U_{D0} \approx 0.9V$ ，则整流管内阻 $R_D$ 为

$$R_D = \frac{U_{D0}}{I_{D0}} = \frac{0.9}{2.5} = 0.36\Omega$$

变压器等效内阻 $R_T$ 计算值为

$$R_T = 0.15 \times 36/5 \times \sqrt[4]{36/5} \approx 0.3\Omega$$

因此整流器内阻为

$$R_S = R_T + 2R_D = 0.3\,\Omega + 2 \times 0.36\,\Omega = 1.02\,\Omega$$

4. 滤波电容选取

因为 $R_L = 36\text{V}/5\text{A} = 7.2\,\Omega$，则 $R_S/R_L = 1.02\,\Omega/7.2\,\Omega \approx 0.14$。由图 1.19 中桥式电路的纹波因数 $\gamma = 5\%$ 可得 $\omega CR_L = 12$，所以滤波电容为

$$C_1 = \frac{12}{\omega R_L} = \frac{12}{100\pi \times 7.2} = 5308\,\mu\text{F}$$

取 $C_1 = 5000\,\mu\text{F}$，耐压 50V 的电解电容（此时 $\omega CR_L = 11.5$）。

5. 计算变压器二次功率

根据图 1.16 所示的曲线，已知 $R_S/R_L = 1.02\,\Omega/7.2\,\Omega \approx 0.14$、$\omega CR_L = 11.5$ 时求得 $U_o/\sqrt{2}E_2 = 0.75$，则变压器二次电压有效值为

$$E_2 = 36/\sqrt{2} \times 0.75 \approx 34\text{V}$$

根据图 1.18 所示的曲线，因为 $R_S/2R_L \approx 0.07$ 且 $2\omega CR_L = 23$ 时，求得 $I_D/I_{D0} = 2.3$，则通过每只整流管的电流有效值为

$$I_D = 2.3I_{D0} = 2.3 \times 2.5 = 5.8\text{A}$$

变压器二次绕组电流有效值为

$$I_2 = \sqrt{2}I_D = 8.2\text{A}$$

变压器二次功率为

$$P_2 = E_2I_2 = 34 \times 8.2 \approx 280\text{W}$$

利用上述 $E_2$、$I_1$、$P_2$ 等参数进行变压器设计。

6. 校验整流管

已知 $I_D = 5.8\text{A}$，不满足

$$I_D < 1.57I_{FM} = 4.7\text{A}$$

所以必须重新选择整流管，此时选择 $I_{FM} = 6\text{A}$、反向耐压 $U_{RM} = 100\text{V}$、型号为 MBR6A1 的整流管。

此时整流管满足 $U_{RM} > U_{Rmax} = \sqrt{2}E_2 = 48\text{V}$。

根据图 1.18 所示的曲线，因为 $R_S/2R_L \approx 0.07$、$2\omega CR_L = 23$，所以 $I_{D0} = 2.3\text{A}$、$I_m/I_{D0} = 6.2$，则通过每只整流管的峰值电流为

$$I_m = 6.2I_{D0} \approx 15.5\text{A}$$

通过整流管的最大整流电流通常为 $I_{FM}$ 的 6 ~ 7 倍，所以 MBR6A1 整流管峰值电流应满足 $I_m < 30\text{A}$。

## 1.5 感性负载整流电路

容性负载整流电路由于简单、可靠，在工程上得到了广泛应用。但在低压大电

流（即 $R_L$ 较小）的情况下，为了使纹波足够小，必须选用较大电容器。此时改用感性负载整流电路经济性更好，特别在多相整流电路中，感性负载整流尤为适用。

## 1.5.1　电感输入整流电路

电感输入整流电路仿真原理图如图 1.33 所示，整流器和负载之间插入电感以阻止电流变化，使得负载电流趋于平直。当整流管供给负载的电流增大时，电感线圈产生反电势，阻止电流增加，同时将部分电能转变为磁场能存储起来；当整流管供给电流减小时，电感产生的感应电势阻止电流减小，同时将存储的能量释放出来。

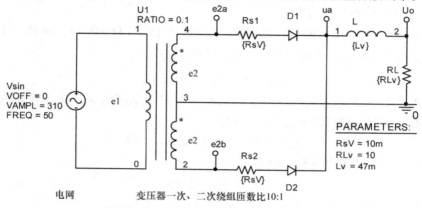

图 1.33　电感输入整流电路仿真原理图

半波整流采用感性负载的电路极少，因为半波整流需要维持在整个周期中均有平滑电流，需要的滤波电感值必须非常大，使得电感上的感应电势几乎等于变压器二次电压的瞬时值，使得负载上得到的电压或电流几乎为零。因此感性负载电路只采用单相全波或桥式整流（还有多相整流）。

如图 1.34 所示的电感输入整流电路波形可得，两只整流管 D1 和 D2 在 $\omega t = \pi$、

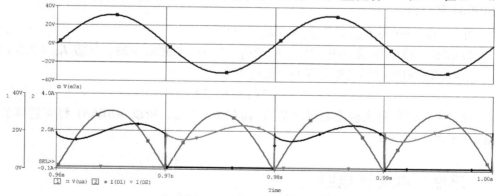

图 1.34　电感输入整流电路波形

$2\pi$……瞬间交替导通，因而每只整流管的导通角 $\Delta\theta = \pi$，所以感性负载并不会改变整流管的导通角度，图 1.34 所示的电压 ua 波形不受电感影响，仍与纯阻性负载时相同（与电容性负载时完全不同）。因此，负载上直流和谐波分量分析计算可采用叠加原理，利用简单计算方法求得直流电压和纹波电压。

例如，负载上直流电压 $U_o$ 可以采用表 1.2 中的结果，考虑整流器内阻 $R_S$ 和滤波电感直流电阻 $r_L$ 的压降，输出直流电压为

$$U_o = 0.9E_2 - I_o(R_S + r_L) \tag{1.17}$$

式中，$E_2$ 为变压器二次电压有效值（空载）；$I_o$ 为负载电流；整流器内阻 $R_S = R_T + R_D$；滤波扼流圈 $L$ 的直流电阻 $r_L$ 由如图 1.35 所示的曲线查询。

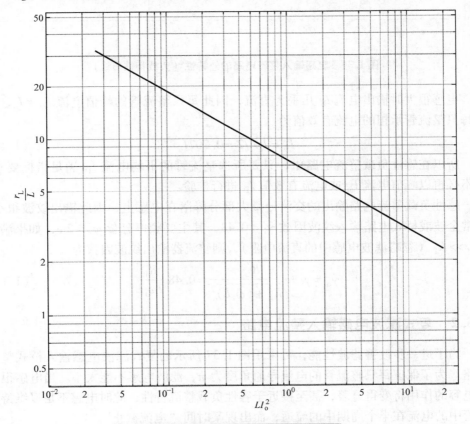

**图 1.35　滤波扼流圈 $L$ 的直流电阻 $r_L$**

通过上述分析可得，感性负载整流电路和容性负载整流电路不同，其输出电压 $U_o$ 几乎与电感 $L$ 和负载电阻 $R_L$ 的大小无关。实际上由式（1.17）可知，随着负载电流 $I_o$ 增大，输出电压 $U_o$ 有一定的下降。感性负载整流电路的外特性如图 1.36 所示，比容性负载的外特性平稳，在负载电阻从 5Ω 增大为 20Ω 的过程中，输出电

压平均值上升约1V。

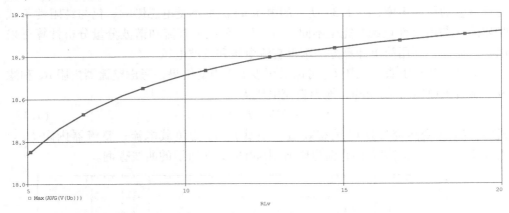

**图1.36　电感输入整流电路的外特性（负载特性曲线）**

电感很大时输出电流 $I_o$ 几乎为直流，因此每只整流管的峰值电流 $I_m = I_o$，此时每只整流管承担的电流有效值为

$$I_D = I_o / \sqrt{2} = 0.707 I_o \qquad (1.18)$$

所以在感性负载整流电路中，只要所选整流管的平均电流 $I_{D0}$ 满足指标要求，就不必再以峰值电流 $I_m$ 或电流有效值 $I_D$ 进行校验。

感性负载整流电路输出的交流分量大部分降落在电感上，因此输出纹波很小。通常全波或桥式电路输入纹波因数 $\gamma_i = 0.48$，其主要频率分量 $\omega_r = 2\omega$，如果满足 $\omega_r L \gg R_L$（忽略滤波电感中的直流电阻），则整流器输出纹波因数为

$$\gamma_o = \gamma_i \frac{R_L}{\sqrt{R_L^2 + (\omega_r L)^2}} \approx 0.48 \frac{R_L}{2\omega_r L} \qquad (1.19)$$

## 1.5.2　复式滤波电感输入整流电路

为了进一步改善滤波性能，可采用图1.37所示的复式滤波电感输入桥式整流电路。为了保证每只整流管的电流导通角度为 $\pi$，滤波电感不能太小。当电感很小时电容的作用将变得显著，甚至接近于容性负载整流特性，此时电感不足以维持整流管中的电流在半个周期中的流通，而出现某时间"电流截止"。

为了防止电流截止现象，必须选择足够大的电感，接下来计算电流截止条件。对于单相全波整流电路或桥式整流电路，A 点电压主要由直流分量 $u_A$ 的二次谐波组成，表达式为

$$u_A \approx \sqrt{2} E_2 \left( \frac{2}{\pi} - \frac{4}{3\pi} \cos 2\omega t \right) \qquad (1.20)$$

该电压经由电感 $L$、电容 $C$、电阻 $R_L$ 组成的滤波器滤波后，二次谐波电流将

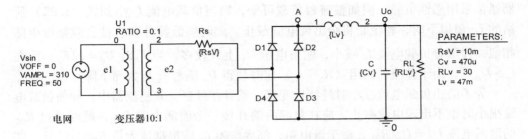

图 1.37　复式滤波电感输入桥式整流电路仿真原理图

大大减小。为了防止出现电流截止现象，必须以图 1.38 为依据，使得二次谐波电流的振幅小于其直流分量，否则将会出现电流截止。

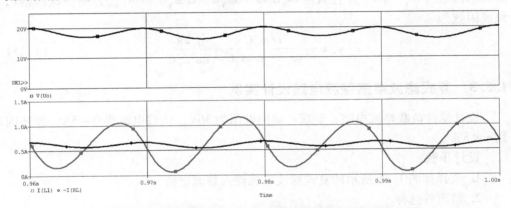

图 1.38　输出电压、二次谐波电流及其直流分量波形

对于直流分量，滤波电路呈现阻抗为 $R_L$，则

$$I_o = \frac{2\sqrt{2}}{\pi}\frac{E_2}{R_L} \tag{1.21}$$

对于二次谐波分量，滤波电容阻抗为 $2\omega L$（假设 $2\omega L \gg 1/2\omega C$，且 $R_L \gg 1/2\omega C$），则

$$I_{2m} = \frac{4\sqrt{2}}{3\pi}\frac{E_2}{2\omega L} \tag{1.22}$$

根据 $I_o = 2_{2m}$ 计算临界电感值，整理得

$$L_{cr} = R_L/6\pi f \tag{1.23}$$

式中，$L_{cr}$ 为临界电感；$f$ 为源频率。为保证不出现电流截止，设计时通常选择滤波电感为

$$L \geqslant 2L_{cr} \tag{1.24}$$

由式（1.23）可得，负载电阻 $R_L$ 小则临界电感 $L_{cr}$ 小，所以低压大电流整流

器通常采用感性负载。假如整流器负载可变，则当负载电流 $I_o$ 小到式（1.22）所给的 $I_{2m}$ 值以下时，整流管将会出现电流截止。此时整流特性和容性负载整流电路相似，即随着负载电流 $I_o$ 减小，输出电压 $U_o$ 上升较多。当 $I_o$ 时 $U_o = \sqrt{2}E_2$。而在 $I_o > I_{2m}$ 后，由于整流器内阻（$R_S + r_L$）压降使得 $U_o$ 随着 $I_o$ 增大而下降。

为了防止负载电流减小时外特性变差，或者在可变负载整流器中，即使负载电流很小时也不出现电流截止，应在负载两端并接一个泄漏电阻 $R_{BL}$，此时通过 $R_{BL}$ 的泄漏电流 $I_{BL} = U_o/R_{BL}$。对于该电路，临界电感 $L_{cr}$ 应根据最大值 $R_{BLmax}$ 计算，即使外接负载电流 $I_L = 0$，对于整流器仍有 $I_o = I_{BL} \geqslant I_{2m}$ 的电流通过，使得整流器不会进入电流截止状态。通常泄漏电流 $I_{BL}$ 取最大负载电流的十分之一。

因为滤波器输入纹波因数 $\gamma_i = 0.48$，所以全波或桥式电路的输出电压纹波主要为二次谐波 $\omega_\gamma = 2\omega$。并且假定 $\omega_\gamma L \gg 1/\omega_\gamma C$、$1/\omega_\gamma C \ll R_{Lmin}$，则整流器输出纹波因数为

$$\gamma_o = \gamma_i \frac{1/\omega_\gamma C}{\omega_\gamma L - 1/\omega_\gamma C} \approx \frac{0.48}{4\omega^2 L_1 C} \qquad (1.25)$$

### 1.5.3　复式滤波电感整流电路设计实例

设计感性负载整流电路，要求：输出电压为 36V，负载电流为 0～5A，纹波因数 $\gamma < 5\%$。

设计步骤：

1. 选择如图 1.35 所示的复式滤波电感输入整流电路

2. 整流管选择

通过每只整流管的平均电流 $I_{D0} = 0.5I_o = 2.5A$，每只整流管承受的反峰电压由表 1.3 估算，具体数值为

$$U_{Rmax} = 1.57U_o \approx 58V$$

选择 $I_{FM} = 3A$、反向峰值电压 100V 整流管 1N5401，满足每只整流管平均电流 $I_{D0} = 2.5A$ 和 58V 反峰电压要求。

3. 计算滤波电感

因为负载电流最小值为零，所以应考虑增加泄漏电阻。令泄漏电流 $I_{BL} = 0.5A$，则 $R_{BL} = U_o/I_{BL} = 72\Omega$，求得临界电感值为

$$L_{cr} = \frac{R_{BL}}{6\pi f} = \frac{72\Omega}{943Hz} = 76mH$$

实际滤波电感取值为 $L = L_{cr} \approx 150mH$。

4. 计算滤波电容

根据纹波因数 $\gamma < 5\%$ 要求，由式（1.25）可得

$$C \geqslant \frac{0.48}{4\omega^2 L \gamma_o} = 160\mu F$$

实际设计时选用 $C = 200\mu\text{F}$。

5. 计算变压器二次功率

已知 $L = 0.15\text{H}$、$I_\text{o} = I_\text{Lmax} + I_\text{BL} = 5.5\text{A}$，则 $LI_\text{o}^2 = 3.75$，查曲线可得 $r_\text{L}/L = 4$，所以 $r_\text{L} = 0.6\Omega$。由式（1.17）求得变压器二次电压为

$$E_2 = [U_\text{o} + I_\text{o}(R_\text{S} + r_\text{L})]/0.9 = 1.11[36 + 5.5(0.7 + 0.6)]\text{V} = 48\text{V}$$

变压器二次绕组有效值电流由表1.3可得

$$I_2 = I_\text{omax}\text{A}$$

变压器二次功率为

$$P_2 = E_2 I_2 = (48 \times 5.5)\text{W} = 264\text{W}$$

利用上述 $E_2$、$I_2$、$P_2$ 等参数进行变压器设计。

6. 结论

将此实例与1.4.7节中的设计实例对比可知，当所要求输出参数 $U_\text{o}$、$I_\text{o}$、$\gamma_\text{o}$ 相同时，复式滤波电感整流电路的整流管工作条件得到改善。虽然此时滤波电容 $C$ 很小，却需要增加铁心扼流圈作为滤波电感，所以体积重量大大增加。

# 第 2 章

# 三端稳压器工作原理分析与应用设计

本章主要对三端稳压器 LM78××、LM79×× 和 LM317 进行工作原理分析、典型电路设计，以及实际应用电路分析和测试。

## 2.1 LM78×× 系列三端稳压器工作原理

### 2.1.1 LM78×× 系列三端稳压器技术指标

LM78×× 系列三端稳压器的输出为固定电压值，根据封装不同，输出电流最大可达 1A 或 3A，通常改善输出阻抗两个数量级，并且降低静态电流的同时实现限流功能，以限制峰值输出电流在安全值范围内。当内部功耗超出散热范围时，热关断电路启动，防止芯片过热而损坏。LM78×× 系列稳压器广泛应用于测试系统、仪器仪表、音响和其他固态电子设备中。

LM78××、LM79×× 系列稳压器具体电气参数见表 2.1 和表 2.2，根据实际所需供电电压和输出电压技术指标进行选型。每种型号包括两种封装：TO – 220 塑壳封装，其最大输出电流为 1A；TO – 3 铝壳封装，其最大输出电流为 3A。

**表 2.1　LM78×× 系列三端稳压器电气参数**

| 型号 | 输出电压/V | 最小输入 $V_{in}$/V | 最大输入 $V_{in}$/V |
| --- | --- | --- | --- |
| 7805 | 5 | 7 | 20 |
| 7806 | 6 | 8 | 21 |
| 7808 | 8 | 10.5 | 25 |
| 7809 | 9 | 11.5 | 25 |
| 7812 | 12 | 14.5 | 27 |
| 7815 | 15 | 17.5 | 30 |
| 7818 | 18 | 21 | 33 |
| 7820 | 20 | 23 | 35 |
| 7824 | 24 | 27 | 38 |

表 2.2　LM79×× 系列三端稳压器电气参数

| 型号 | 输出电压/V | 最小输入 $V_{in}$/V | 最大输入 $V_{in}$/V |
|---|---|---|---|
| 7905 | −5 | −7 | −20 |
| 7906 | −6 | −8 | −21 |
| 7908 | −8 | −10.5 | −25 |
| 7909 | −9 | −11.5 | −25 |
| 7912 | −12 | −14.5 | −27 |
| 7915 | −15 | −17.5 | −30 |
| 7918 | −18 | −21 | −33 |
| 7920 | −20 | −23 | −35 |
| 7924 | −24 | −27 | −38 |

## 2.1.2　LM78×× 工作原理分析

按照 LM78×× 稳压器内部物理结构对其工作原理进行详细分析和性能测试。

图 2.1 为三端稳压器 LM78×× 内部电路仿真原理图，接下来对稳压器内部电路

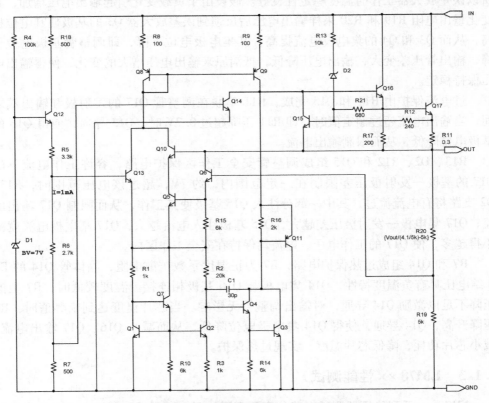

图 2.1　LM78×× 系列稳压器内部电路仿真原理图

的工作原理进行具体分析。启动电路由电阻 R4、R5、R6，稳压管 D1，晶体管 Q12、Q13 组成。当电路接通电源时输入电压 V（IN）使得电阻 R4 和稳压二极管 D1 支路流过电流，此时 D1 稳压值为 7V，从而使晶体管 Q12 导通，约为 1mA 的恒定电流流过电阻 R5、R6、R7；此时电流注入 Q13，使得 Q13 导通，从而电流流过 Q1、Q7 和 R1 支路；Q13 集电极电流流过 Q9、Q8 镜像电流源，使其工作正常；待整个电路工作正常后，Q13 截止，启动电路与基准电路的联系被切断。

误差放大器为共射放大器，由 Q3、Q4 和 Q9 构成，为提高误差放大器输入阻抗，Q3、Q4 接成达林顿形式，为增大误差放大器电压增益，使用 Q8 和 Q9 构成电流源作为集电极有源负载，接成达林顿结构的 Q16 和 Q17 为调整元器件，输入阻抗很高，由误差放大器 Q4 的集电极输出驱动，以提高放大器增益。

基准电压源电路由 R1、R2、R3、R14、Q1、Q2、Q3 和 Q4、Q5、Q6、Q7、R15 构成，属于带间隙式基准电压源。

采样电阻由 R19 和 R20 构成，输出电压变化量与基准电压比较后送入误差放大器 Q3、Q4 的基极。由于 Q3、Q4 本身 E、B 极 PN 结电压为基准电压组成部分，所以误差放大器工作时温度稳定性良好。假设由于负载变化引起输出电压增加，其变化量由电阻 R19 和 R20 采样输出电压后反馈到误差放大器 Q3 的基极使其电位提高，从而 Q3 和 Q4 的集电极电流提高，其集电极电位下降，即调整管基极电位下降，输出管压差变大，输出电压降低，抵消原来输出电压增大的变化，使得输出电压保持稳定。

过电流保护由 R11 和 Q15 完成，R11 串联在调整管 Q17 的发射极和输出端之间，当输出电流超过额定值时，即 R11 压降超过 0.7V 时，Q15 导通，使得 Q16 的基极电位降低，从而限制输出电流。

R13、D2、R12 和 Q15 组成调整管安全工作区保护电路，容许工作电流下的 Q17 的基极—发射极压差限制在一定范围内，约 7V，超过该电压范围时，R13、D2 支路将有电流流过，其中一部分注入 Q15 基极使其工作，从而限制 Q17 输出电流；Q17 集电极—发射极压差越大，Q15 基极注入电流越大，Q17 集电极电流就减小得越多，使 Q17 的工作电压、电流均保持在安全工作区内。

R7 和 Q14 组成过热保护电路，R7 为正温度系数扩散电阻，晶体管 Q14 的 E、B 结电压具有负温度特性，Q14 集电极与 Q16 基极相连接。温度较低时，R7 上的压降不足以激励 Q14 导通，对输出调整管无影响。当芯片温度达到临界值时，R7 压降升高，Q14 导通，使得 Q14 集电极电位降低，从而减小 Q16、Q17 输出电流，减小芯片功耗，降低芯片温度，实现过热保护。

## 2.1.3  LM78×× 性能测试

LM78×× 系列稳压器测试电路仿真原理图如图 2.2 所示，利用含有直流分量的正弦电压源对三端稳压器进行激励，负载为固定电阻，主要测试稳压器的输出电压值及其纹波。

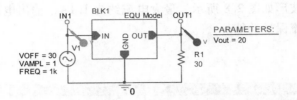

图 2.2   LM78XX 系列稳压器测试电路仿真原理图

图 2.3 为三端稳压器测试电路输入、输出电压波形：上面 V（IN1）为输入电压，直流 30V、纹波峰峰值为 2V；下面 V（OUT1）为输出电压，直流 20V、纹波峰峰值为 20mV，纹波抑制 40dB，基本满足模拟电路性能要求。

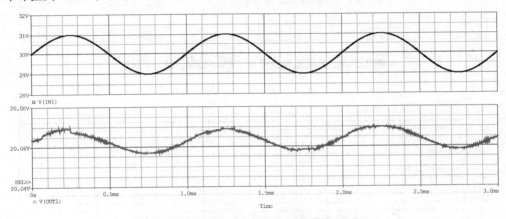

图 2.3   三端稳压器输入、输出电压波形

图 2.4 ~ 图 2.6 分别为三端稳压器输出电压调节电路仿真原理图、仿真设置和仿真波形。电路输入电压为 30V、纹波峰峰值为 2V，改变三端稳压器型号使其输出电压分别为 5V、12V、15V 和 24V，仿真结果与设置值一致，实际设计时通过选用不同型号三端稳压器可实现不同电压值的输出。

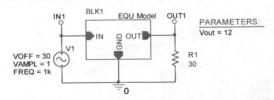

图 2.4   三端稳压器输出电压调节电路仿真原理图

图 2.7 为三端稳压器过电流测试电路仿真原理图，输入为直流 30V、纹波峰峰

值2V的正弦波，输出设置值为20V；当负载电阻为2Ω时输出过电流，此时电路输出电压和电流波形如图2.8所示，最大电流约为1.1A，输出电压为2.2V，三端稳压器实现过电流保护功能。

图 2.5　输出电压参数设置：5V、12V、15V、24V

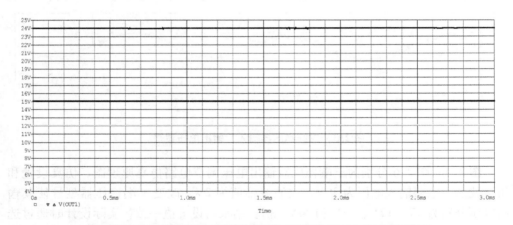

图 2.6　输出电压波形：从上到下依次为 24V、15V、12V 和 5V

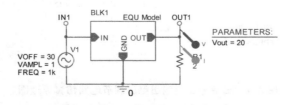

图 2.7　过电流测试电路仿真原理图

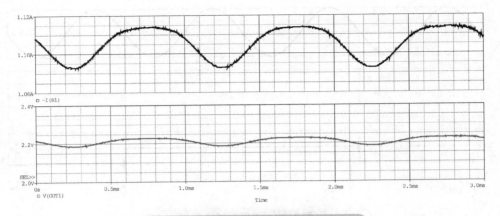

图 2.8　过电流时输出电压和电流波形

## 2.2 LM78×× 系列三端稳压器典型应用电路

本节主要对 LM78×× 系列三端稳压器进行应用电路测试，包括输入扩压、输出电压固定、输出电压可调和输出扩流。

### 2.2.1　LM7815 固定电压输出稳压电路

三端稳压器 LM7815C 固定电压输出稳压电路仿真原理图如图 2.9 所示，输入电压为含有直流偏置的正弦波，输出端采用 10μF 电解电容和 0.1μF 薄膜电容并联进行滤波，以保证输出电压的瞬态响应和高频低阻特性。

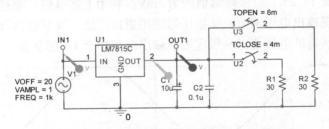

图 2.9　固定电压输出稳压电路仿真原理图

仿真波形如图 2.10 所示，上面 V（IN1）为输入电压波形，中间 V（OUT1）为输出电压波形，下面 −I（U1：OUT）为输出电流波形。在 4ms 时刻输出电流由 0.5A 增大为 1A，输出电压瞬间下冲约 0.1V，响应时间约 100μs 恢复至稳态值；在 6ms 时刻输出电流由 1A 减小为 0.5A，输出电压瞬间上冲约 0.1V，响应时间约 150μs 恢复至稳态值。从仿真波形上可以看出，三端稳压器的稳压特性和瞬态调节特性非常优越。

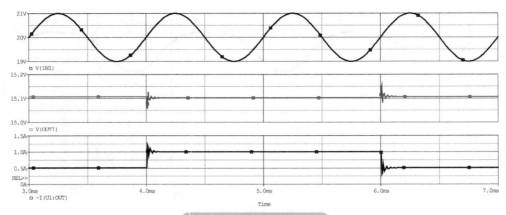

图 2.10    仿真测试波形

## 2.2.2    LM7815 调节输出稳压电路

LM7815 调节输出稳压电路仿真原理图如图 2.11 所示，输入电压为直流与交流叠加，稳压器的GND 端与输入电压低端连接稳压管，输出端并联 10μF 电解电容和0.1μF 薄膜电容及 30Ω 负载电阻。

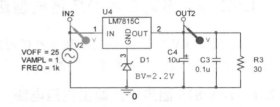

图 2.11    LM7815 调节输出稳压电路仿真原理图

仿真测试波形如图 2.12 所示，图上 V（IN2）为输入电压波形，纹波峰峰值为 2V；图下 V（OUT2）为输出电压波形，直流 17.2V、纹波峰峰值约为 5mV。利用上述电路，通过三端稳压器和稳压管组合实现输出电压调节，使稳压器应用更加广泛，改变稳压管的稳压值可以获取任意想要获得的电压值，一般应用于输出电流小于 1A 的场合。

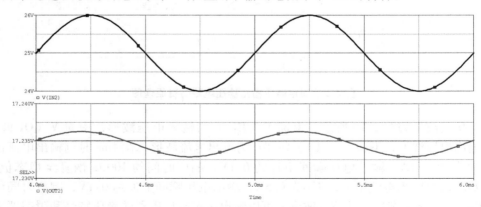

图 2.12    仿真测试波形

### 2.2.3　LM7815 输入扩压电路

由晶体管和稳压器构成的 LM7815 输入扩压电路仿真原理图如图 2.13 所示，输入电压为直流与交流叠加，稳压器输入端通过晶体管和稳压管调节，输出端并联 $10\mu F$ 电解电容和 $0.1\mu F$ 薄膜电容及 $30\Omega$ 负载电阻。节点 IN3C 处电压由稳压管 D2 稳压值决定，V（IN3C）＝V（IN3）－BV－0.7，节点 IN3 和 IN3C 之间电压差值由晶体管 Q1 承担，输入电流通过 Q1，所以 Q1 功耗比较大，务必合理计算其功耗并且进行散热处理。如果输入电压更高，可采用多级稳压管和晶体管进行串联使用，该设计适用于输入电压高、输出电流小的恒压源产品。

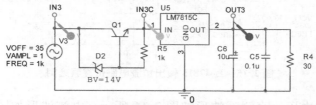

图 2.13　LM7815 输入扩压电路仿真原理图

仿真测试波形如图 2.14 所示，负载电流为 0.5A。上面 V（IN3）为输入电压波形，直流偏置为 35V、纹波峰峰值为 2V；中间 V（IN3C）为晶体管调整输出电压波形，直流偏置为 21V、纹波峰峰值为 2V；下面 V（OUT3）为输出电压波形，直流为 15V、纹波峰峰值约为 5mV。利用上述电路，通过三端稳压器和晶体管增大输入电压范围，使稳压器应用更加广泛，该电路可降低稳压器压降，提高电源整体可靠性。

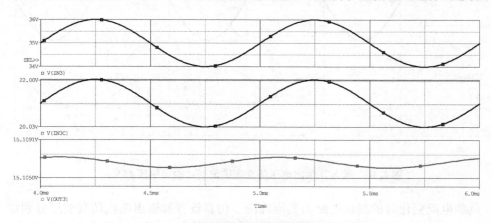

图 2.14　仿真测试波形

### 2.2.4　LM7815 输出扩流电路

由晶体管和稳压器构成的 LM7815 输出扩流电路如图 2.15 所示，输入电压为直流与交流叠加，然后通过采样电阻和功率晶体管构成扩流电路，当电阻 R7 两端电压高于 Q2 的 $V_{be}$ 时 Q2 导通，假设 $V_{be}$ 为 0.9V，$I_{REG}$ 为 Q2 开始工作时的电流值，当电流小于 $I_{REG}$ 时 Q2 不工作，输出电流由三端稳压器 LM7815C 提供；当电流大于 $I_{REG}$ 时 Q2 开始工作，此时三端稳压器 LM7815C 近似工作于恒流状态，电流为 $I_{REG}$，大于 $I_{REG}$ 的电流由 Q2 提供；利用该电路实现输出扩流从而提高输出功率；稳压电路输出端并联 $10\mu F$ 电解电容和 $0.1\mu F$ 薄膜电容及 $7.5\Omega$ 负载电阻即输出电流 2A。

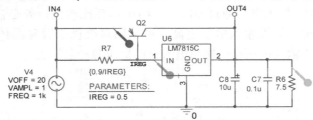

图 2.15　LM7815 输出扩流电路仿真原理图

　　输入、输出电压仿真测试波形如图 2.16 所示；电流波形如图 2.17 中的 – I（R6）所示，当负载电阻为 $7.5\Omega$ 时负载电流约为 2A。三端稳压器输出电流约为 0.5A，与设定值一致，即图 2.17 中的 I（U6：IN）；晶体管 Q2 输出电流约为 1.5A，为图 2.17 的 IE（Q2）。通过三端稳压器和晶体管组合可以提高输出电流和功率，使稳压器应用更加广泛。

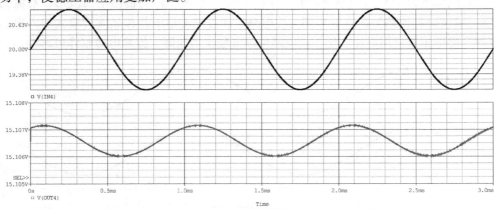

图 2.16　输入、输出电压仿真测试波形：输出稳压 15V

　　负载电流变化时的测试电路仿真原理图、仿真设置和输出电流仿真波形分别如图 2.18 ~ 图 2.21 所示。图 2.21 中的 I（U6：IN）为三端稳压器输入电流波形，– IC（Q2）为晶体管集电极电流波形。当负载电流小于 0.5A 时只有三端稳压器输出电流，晶体管电流几乎为零；当负载电流大于 0.5A 时，稳压器电流几乎保持恒定值 0.5A，其余电流由晶体管承担。

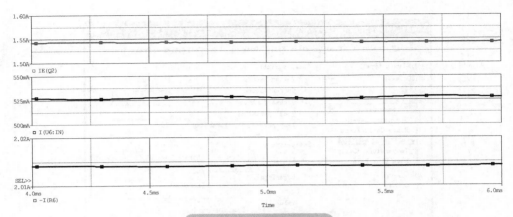

图 2.17　测试电流波形

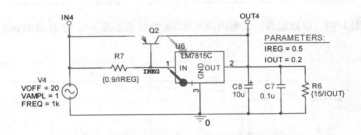

图 2.18　负载电流变化测试电路仿真原理图

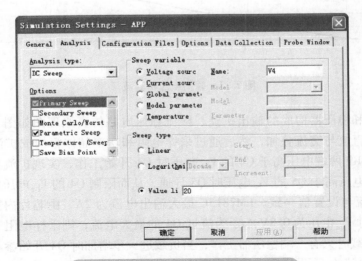

图 2.19　直流仿真设置：输入电压 20V

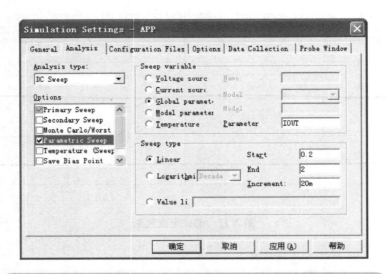

图 2.20　参数设置：负载电流从 0.2A 线性增加至 2A，步长为 20mA

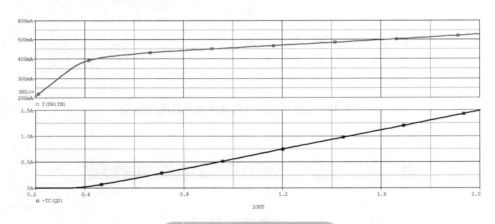

图 2.21　输出电流仿真波形

晶体管和稳压器构成的输出扩流、限流稳压电路仿真原理图如图 2.22 所示。输入电压为直流与交流叠加，然后通过采样电阻和功率晶体管构成扩流和限流电路。当电阻 R9 两端电压高于 Q4 的 $V_{be}$ 电压时 Q4 开始工作，实现扩流功能。当电阻 Rsc 两端电压高于 Q5 的 $V_{be}$ 电压时 Q5 导通，从而限制 Q4 的 $V_{be}$ 电压值，使得经过 Q4 的电流与设置值一致。LM7815C 最大输出电流为 2A，由芯片内部设置。假设 Q5 导通时 $V_{be}$ 电压为 0.8V，$I_{SC}$ 为流过 Q4 的最大电流，则采样电阻 Rsc 阻值为 $0.8/I_{SC}$。轻载时只有三端稳压器工作，当负载进一步增加时 Q4 开始参与工作，但是 Q4 最大电流为 $I_{SC}$ 设置值；稳压器最大输出电流为 2A，当 $I_{SC}$ 为 1A 时电路最大输出电流约为 3A。

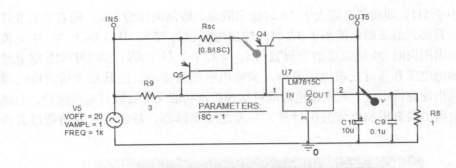

**图 2.22　输出扩流和限流稳压电路仿真原理图**

图 2.23 中上面 IE（Q4）为 Q4 电流波形，可以近似认为其幅值为 1A，与设置值一致；下面 V（OUT5）为输出电压波形，可以近似认为其幅值为 3.1V，负载电阻为 1Ω，所以输出电流近似为 3A。

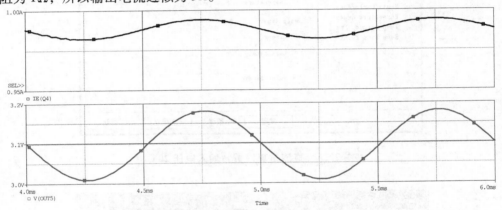

**图 2.23　仿真测试波形**

负载变化时电路仿真原理图、直流仿真设置和负载电阻参数设置分别如图 2.24 ~ 图 2.26 所示。图 2.27 为仿真波形：上面 V（OUT5）为输出电压波形，当负

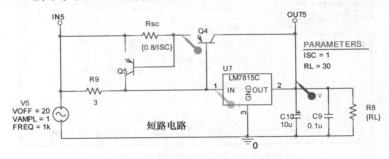

**图 2.24　负载变化时电路仿真原理图**

载电阻小于 $5\Omega$，即负载电流大于 3A 时输出限流，输出电压为 $3R_L$。随着负载变轻输出电压升高，当负载电流小于 3A 时，输出电压恒为 15V；IE（Q4）为 Q4 电流波形，输出限流时 Q4 电流近似为设置值 $I_{SC}=1A$；I（U7: IN）为 LM7815 电流波形，当输出电压升高时三端稳压器输入和输出电压差减小，使其最大输出电流增大，所以出现驼峰形式。利用该电路既可实现扩流功能又能实现过电流保护，电路中的各电阻值需要根据电流分配计算，并考虑功率降额，避免电阻因功耗过大而损坏。

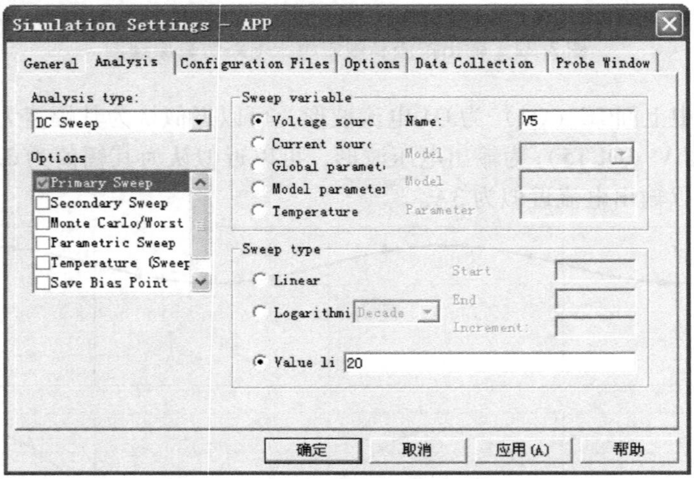

图 2.25　直流仿真设置：输入电压 20V

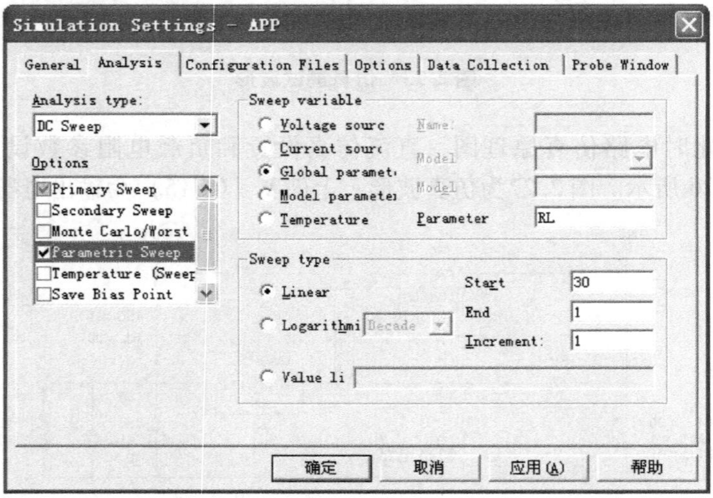

图 2.26　负载电阻参数设置

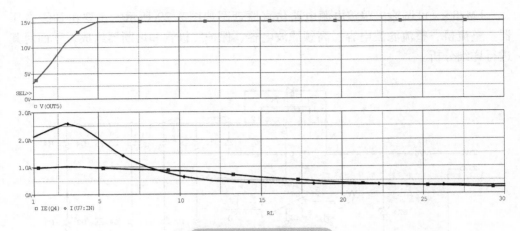

图 2.27   仿真测试波形

## 2.3 LM78×× 系列三端稳压器应用设计

LM78×× 系列三端稳压器既可输出固定的电压值，例如 5V、12V 和 15V 等，也可结合运放与晶体管输出可调电压和正负跟随电压。

### 2.3.1   三端稳压器固定输出应用设计

在固定输出应用的场合里，较为常见的设计就是利用 LM78×× 和 LM79×× 系列三端稳压器同时获得正负电压。LM78×× 和 LM79×× 系列三端稳压器可直接输出稳定电压，具体电气参数见表 2.1 和表 2.2，实际应用时根据输出电压和电流等级进行具体选型。三端稳压器固定输出电路仿真原理图如图 2.28 所示。

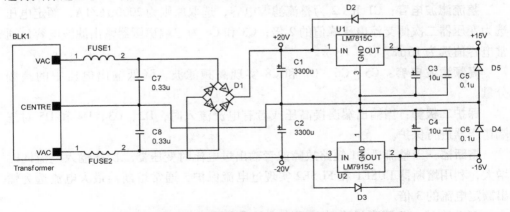

图 2.28   三端稳压器固定输出电路仿真原理图

　　LM78××可调输出跟踪电源电路仿真原理图如图2.29所示，主要由初级变压器、整流桥、整流滤波电容、高频滤波电容、保护二极管和熔断器组成，下面对其进行详细分析。

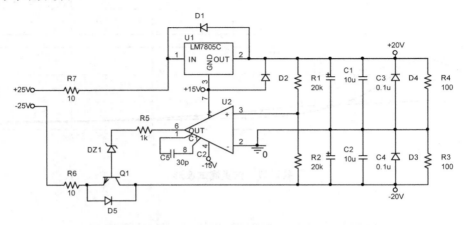

**图2.29　LM78××可调输出跟踪电源电路仿真原理图**

　　**初级变压器**：通常为工频降压变压器，二次侧包括3根导线，分别连接整流桥的输入端和参考地；根据输出电压等级确定变压器一次侧和二次侧绕组匝数比，务必考虑输入市电10%的电压波动；根据输出功率确定变压器功率等级，全桥整流电路功率因数通常比较低（约60%），所以变压器功率等级在允许情况下应尽量取大，以免温升过高发生故障。

　　**整流桥**：D1实现全波整流，可采用集成整流桥或者由4只分立二极管进行搭建，整流桥额定电流选为输出最大电流的2倍，额定电压选为变压器二次侧交流电压峰值的1.5倍以上。

　　**整流滤波电容**：C1和C2为整流滤波电容，选取原则为2000μF/1A，额定电压选为变压器二次侧交流电压峰值的2倍；C3和C4为三端稳压器输出滤波电容，通常电容值选为10μF。

　　**高频滤波电容**：C5、C6、C7和C8实现高频滤波，降低输出电压中的高频分量。

　　**保护二极管**：当输出端误接高压或者有电流流入时，D2、D3、D4和D5对三端稳压器进行保护。

　　**熔断器**：当整流桥D1短路故障或者输出过电流时变压器二次侧输入电流同时增大，利用熔断器FUSE1和FUSE2实现过电流保护，通常熔断器最大电流选为输出额定电流的3倍。

　　**PCB布线**：为了降低输出电压纹波以及负载突变时的电压波动，PCB实际走线时务必将变压器中间抽头、整流滤波电容连接点和三端稳压器GND端进行单点接地。

　　具体设计及器件选型可参考书籍《PSpice 元器件模型建立及应用》中的第 4 章三端稳压器模型建立及应用，其中包括详细 PCB 布局、变压器参数、选型以及实际测试数据。

## 2.3.2　LM78×× 可调输出应用设计

　　LM78×× 系列三端稳压器用于输出固定电压，但是当其 GND 端连接参考电压 $V_{ref}$ 时，其输出电压的值将被抬高 $V_{ref}$，所以可通过改变 GND 端电压值来调节三端稳压器的实际输出电压。

　　图 2.29 中参考电压为 +15V，所示 LM7805C 的输出电压应为 +20V。利用运放 U2、稳压管 DZ1 和晶体管 Q1 实现输出电压 −20V 跟踪。正常工作时运放正负输入端电压相等，由于负输入端接地为 0V，所以稳定工作时正输入端同样为 0V，当电阻 $R_1 = R_2$ 时，正负输出电压互为相反值，也可调整 $R_1$ 与 $R_2$ 的比值，此时输出正负电压比值等于 $R_1/R_2$。负压输出电路中 Q1 负责电流输出，U2 实现稳压控制，DZ1 完成电压偏置，使得 U2 工作于线性区。当 DZ1 稳压值和电阻 $R_5$ 选择合适时，U2 的负供电电源 −15V 可省去，此时 U2 的输出电压在 0V 与 +15V 之间。$R_6$ 和 $R_7$ 为输入端串联电阻，用于降低 U1 和 Q1 功耗，同时实现短路保护，根据实际输入电压和负载额定电流确定其电阻值，但务必保持 U1 和 Q1 正常工作。

　　±20V 双路跟踪稳压电源仿真波形如图 2.30 所示，输出电压分别为 +20V 和 −20V。运放输出电压约为 3.5V，此时可将运放 −15V 供电改为 0V，电路能够正常工作。读者可以改变电阻 $R_1$ 与 $R_2$ 的比值测试输出电压如何相应变化，以加深对电路的理解。

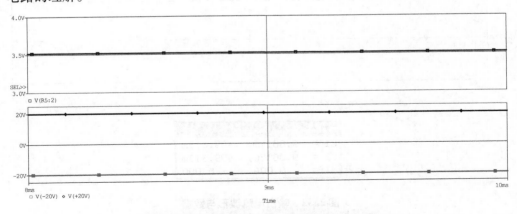

图 2.30　±20V 双路跟踪稳压电源仿真波形

### 2.3.3　LM7805 实现 0.5A 恒流源设计

利用 LM7805 既可输出恒压源也可输出恒流源，具体电路仿真原理图如图 2.31 所示。运放正常工作时，正负输入端电压相等，所以分压电阻 $R_1$ 和电流采样电阻 $R_S$ 两端电压相等。本设计输出电流值为 0.5A，采用 $1\Omega/1W$ 功率电阻，正常工作时电阻 $R_S$ 两端电压为 0.5V、功耗为 0.25W，所以电阻 $R_1$ 两端电压同为 0.5V，此时电阻 $R_2$ 两端电压为 $(5-0.5)V=4.5V$，即电阻 $R_2/R_1=4.5V/0.5V=9$，设定 $R_1=1k\Omega$，所以 $R_2=9k\Omega$。

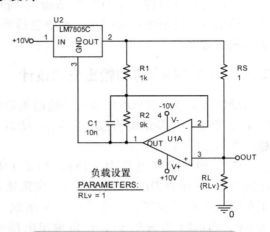

图 2.31　0.5A 恒流源电路仿真原理图

输出电流波形和具体数值如图 2.32 所示，输出电流为 499.313mA，电流测试值与设定值 0.5A 相差 0.7mA，该误差主要由 LM7805 输出 5V 电压的准确性引起，实际调试时可以改变 $R_2$ 电阻值使得输出电流准确。

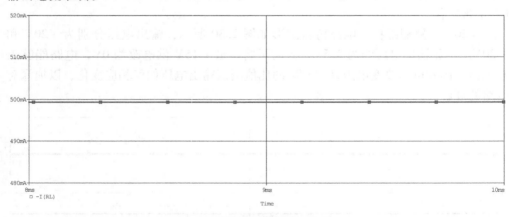

图 2.32　输出电流波形与数据

负载电阻从 $1\Omega$ 增大至 $10\Omega$ 时，输出电流和 LM7805 输出电压波形和数据如图 2.33 所示，此时输出电流由 499.313mA 减小至 499.125mA，变化约 $-0.2mA$。

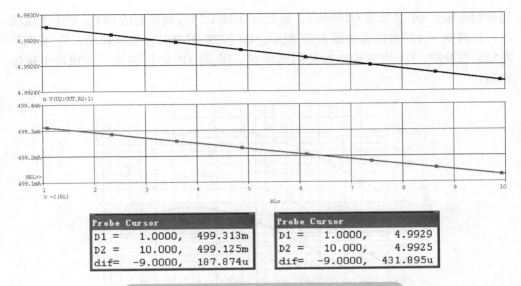

图 2.33　输出电流和 LM7805 输出电压波形和数据

LM7805 输出电压减小约 0.4mV，两者变化特性一致，所以 LM7805 输出电压引起电流误差。

通常电源由单路正电源供电，但是当负载电阻很小时，运放正输入端电压很低，使得运放可能工作于饱和区，输出电流异常；如果使用负电源为运放供电，此时运放正输入端可以为 0V，负载电阻可从 0Ω 逐渐增大直至 LM7805 输出饱和。

## 2.3.4　LM7805 实现 5V/5A 扩流应用设计

利用三端稳压器 LM7805 实现 5V/5A 扩流设计，具体仿真原理图如图 2.34 所示，主要为数字电路和 LED 等提供初级电源。LM7805C 为电源提供 5V 基准电压，

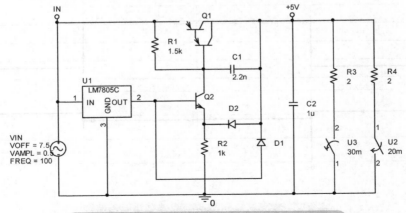

图 2.34　LM7805 实现 5V/5A 扩流电路仿真原理图

达林顿晶体管 Q1 型号为 Q2N6667，最大电流 10A，$V_{CE}$ 最高电压 80V，负责电流输出，其典型直流增益曲线如图 3.35 所示，D2 实现 Q2 的 $V_{BE}$ 电压补偿，$C_1$ 实现环路稳定性补偿，D1 完成输出短路限流保护，Q2 对 Q1 进行驱动，实现输出稳压控制。

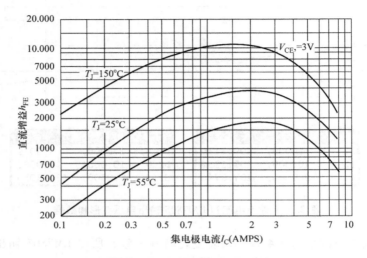

图 2.35　Q2N6667 典型直流增益曲线

电源正常工作时，输出电压与 LM7805C 输出电压相等，D2 导通，图 2.35 为达林顿晶体管典型直流增益曲线，当输出电流为 5A 时，增益约为 2500，所以 Q1 基极输出电流为 2mA。由于 Q1 的 $V_{EB}$ 约为 1.4V，所以流经 $R_1$ 的电流近似为 1mA，由于 $R_2$ 中电流约为 4mA，所以 D2 中电流为 1mA，此时电路正常工作，如果 D2 中无电流流过，则输出电压反馈断开，输出异常。

5V/5A 输出电压和电流仿真测试波形如图 2.36 所示，当负载电流从 2.5A 增

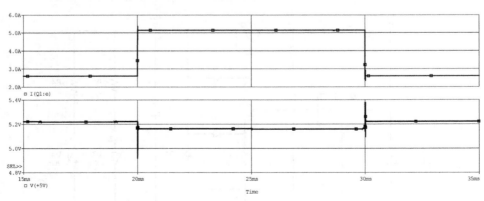

图 2.36　5V/5A 输出电压和电流仿真测试波形

大为 5A 时，输出电压瞬间下冲约 0.3V，100μs 后恢复正常；当负载电流从 5A 减小为 2.5A 时，输出电压瞬间上冲约 0.3V，100μs 后恢复正常；当负载电流分别为 2.5A 和 5A 稳态工作时，输出电压相差 50mV。

　　利用上述设计思路实现 15V/5A 扩流电路，其仿真原理图具体如图 2.37 所示，三端稳压器为 LM7815C。为保持 $R_1$、D2 和 Q1 的基极电流与图 2.34 中相近，设置电阻 $R_2$ 阻值为 3kΩ。

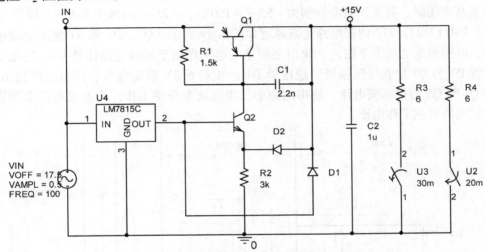

**图 2.37　15V/5A 扩流电路仿真原理图**

　　15V/5A 输出电压和电流仿真测试波形如图 2.38 所示，当负载电流从 2.5A 增大为 5A 时，输出电压瞬间下冲约 0.4V，50μs 后恢复正常；当负载电流从 5A 减小为 2.5A 时，输出电压瞬间上冲约 0.5V，40μs 后恢复正常；负载电流分别为 2.5A 和 5A 稳态工作时输出电压相差 50mV。

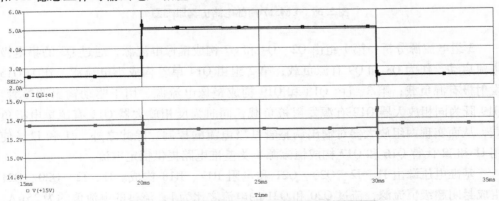

**图 2.38　15V/5A 输出电压和电流仿真测试波形**

## 2.4 LM317 工作原理与性能测试

### 2.4.1 LM317 工作原理分析

三端可调正稳压器系列 LM117/217/317 只有工作温度区别，工作原理和电路构成基本相同，其工作温度分别为 $-55 \sim +150℃$、$-25 \sim +150℃$ 和 $0 \sim +125℃$。

LM117/217/317 内部电路仿真原理如图 2.39 所示，Q1、D1 和 R1 组成启动电路，电路通电之后由于输入、输出之间差值电压作用于场效应晶体管 Q1，稳压二极管 D1 为 Q1 建立恒流偏置；稳压管 D1 产生约 6.3V 稳定电压，该电压经过 R1 为 Q3 和 Q5 提供基极电流，使得电路中三组电流源开始工作，为基准电压源和误差放大器提供工作电流。

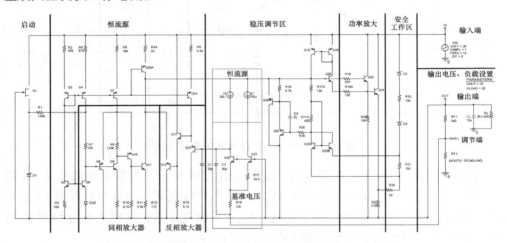

**图 2.39    LM317 内部电路仿真原理图**

3 组电流源分析：第 1 组由 Q2、Q4 和 Q7 构成镜像电流源，通过 Q3 的集电极电流启动，作为 Q8 和 Q9 有源负载；第 2 组由 Q14 单管构成小电流源，作为 Q15 发射极有源负载；第 3 组由 Q18 和 Q19 构成镜像电流源，用于驱动输出调整管。Q19 既为同相放大器 Q12 有源发射极负载，同时为反相放大器 Q11 有源集电极负载，从而实现两组放大器对输出调整管基极电流的控制。除此之外，I1 和 I2（使用 I1 和 I2 代替 Q16 和 Q17 构成恒流源）为基准电路提供恒定电流。

基准电压源由 I1、I2、Q20、Q21 和电阻 R17、R18 构成。I1、I2、Q20、Q21 组成封闭超级恒流源，流过 Q20 和 Q21 的电流之比为 1，流过的电流值约为 $25\mu A$，所以流过电阻 R18 的电流约为 $50\mu A$、压降约为 0.6V。输入电压在大范围内变动时，I1、I2、Q20 和 Q21 工作电压基本保持恒定，通过输出调整管 Q22 和 Q24 的基

极和射极电压 $U_{BE}$ 控制在约 1.4V，因此流过电阻 R18 的电流非常稳定。电阻 R18 两端电压加上 Q20 基极和射极电压 $U_{BE}$ 构成可调稳压器基准电压，约为 1.25V。

误差放大器主要包括两级：同相放大器和反相放大器，两级放大器在 Q11 和 Q12 处进行连接，共同控制输出调整管 Q22 注入电流，以实现输出电压控制。

Q5、Q8、Q9、Q10、Q11 构成同相 4 级直接耦合放大器。Q5 为第 1 级，反馈作用适度；Q9 为第 2 级；Q10 为第 3 级，既具有放大作用又负责偏置调节；Q11 为第 4 级。Q8 为射极跟随器，当 Q7 集电极电流变化时起补偿调节作用。Q19 为 Q11 集电极有源负载，当输入电压和输出电压差值变大时 Q8 集电极电位降低、Q9 集电极电位提高、Q10 集电极电位提高，调整管输入电压升高，使调整管集电极—射极压差减小，输出电压随之提高，从而输入电压和输出电压差值恢复正常，这就是同相放大器作用。

Q12、Q13、Q14、Q15、Q20 和 Q21 构成反相放大器。Q20 为共射放大器，只有 Q20 起实质反相作用。输出电压变化量与基准电压差值送入 Q20 基极，误差信号由 Q20 集电极送至 Q15 基极。由于 I1、I2、Q20 和 Q21 构成超级电流源，所以 Q20 集电极电流非常稳定，输入阻抗非常高，Q12、Q13 和 Q15 构成三级射极跟随器，输入阻抗同样很高，所以 Q20 电压增益非常大。输出电压降低时 Q20 集电极电位升高，引起 Q12 射极电位升高，从而调整管 Q22 基极电位升高，使得输出电压升高，加上三级射极跟随器的缓冲作用，使得电路对调整管的控制非常灵敏，从而稳压精度非常高。

功率输出为达林顿晶体管结构，由 Q22 和 Q2 组成。当两管放大倍数在 50 以上时输出电流最大为 0.5A；当两管放大倍数在 70 以上时输出电流可达 1.5A。

Q23A、Q23B 和电阻 R22 构成过电流保护电路，当流过电阻 R22 的电流过大时 Q23A 集电极电位升高，Q20A 射极电流增大，调整管驱动电流降低，从而实现输出电流限制。

稳压管 D2、D3，电阻 R21、R23、R25 和晶体管 Q23A、Q23B 构成安全工作区保护电路。当输入电压和输出电压差值超过两支稳压管的稳压值，即 12.6V 时 D2、D3 和 R21、R23、R25 支路开始流过电流，Q23A 和 Q23B 集电极电位升高，Q20A 射极电流增大，从而减小 Q22 输出调整管驱动电流，将 Q24 集电极和射极电压、工作电流限制在特定范围内，使得调整管能够稳定、可靠地工作。

## 2.4.2　LM317 性能测试

第 1 步瞬态测试：输入直流电压 20V、纹波峰峰值 2V，输出电压 15V，负载电阻 15Ω。

图 2.40 为瞬态仿真分析设置；图 2.41 为瞬态仿真分析输入和输出电压波形，上面 V（IN）为输入电压，下面 V（OUT）为输出电压，稳态时输出值为 14.9V，纹波抑制约为 40dB。

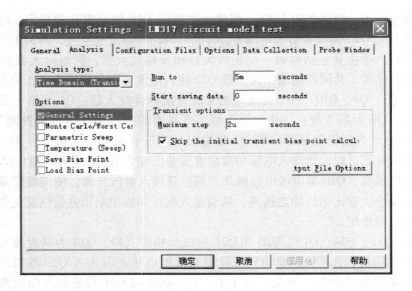

**图2.40  瞬态仿真分析设置**

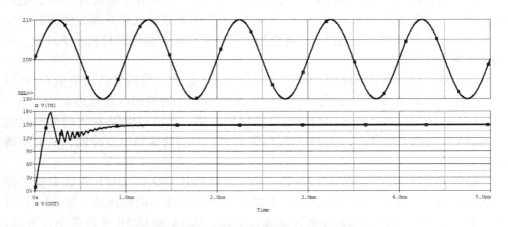

**图2.41  瞬态仿真分析输入、输出电压波形**

第2步直流和安全工作区测试：输出电压15V。

输入直流电压VIN为20V，负载电阻从5Ω线性变化至15Ω，测试输出电压和输出电流特性波形，直流和负载电阻参数仿真设置如图2.42所示。

图2.43为电阻变化时输出电压和输出电流波形，当负载电阻在5Ω至7.5Ω变化时电路工作于恒流状态，输出电流约为2A，并且保持恒定；当负载电阻大于7.5Ω时电路工作于恒压状态，输出电压保持15V恒定。

图2.44为直流和安全工作区仿真分析设置，负载电阻$R_{LOAD} = 7.5Ω$；图2.45

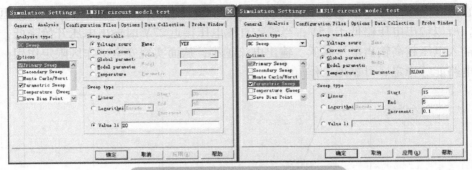

**图 2.42  直流和负载电阻参数仿真设置**

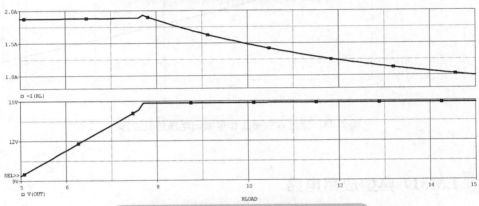

**图 2.43  电阻变化时输出电压和输出电流波形**

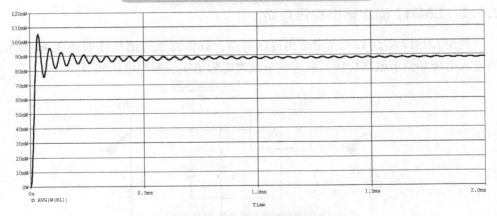

| Probe Cursor | | |
|---|---|---|
| A1 = | 1.4993m, | 88.363m |
| A2 = | 1.4993m, | 88.363m |
| dif= | 0.000, | 0.000 |

**图 2.44  直流和安全工作区仿真设置**

为直流和安全工作区输出电压仿真波形。由于输出电流 2A 时电路工作于近似恒流区，所以输出电压略低于 15V；当输入直流电压接近 27V 时输出电压开始降低，并且输入电压越高输出电压越低、输出电流越小，从而实现安全工作区限定作用，使得电路能够稳定、可靠地工作。

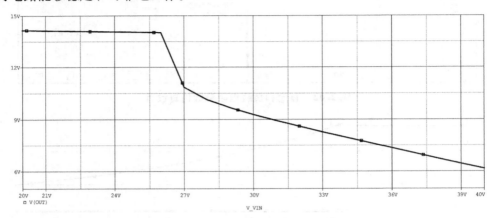

图 2.45　直流和安全工作区输出电压仿真波形

# 2.5 LM317 典型应用电路

## 2.5.1　LM317 固定输出稳压电路

利用 LM317 实现 12V 固定输出稳压电路，其仿真原理图具体如图 2.46 所示，由输入电压和调节电路构成，通过调节反馈电阻值实现输出电压调节。

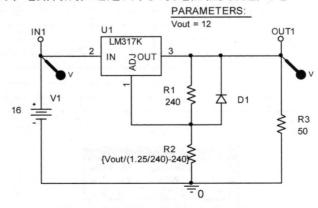

图 2.46　LM317 固定输出稳压电路仿真原理图

图 2.47 为输入和输出电压仿真波形，当输入电压为 16V 时输出电压稳定于约 12V。

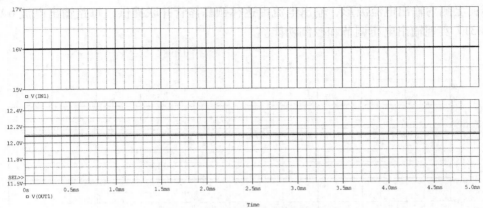

图 2.47 输入和输出电压仿真波形

## 2.5.2 LM317 扩流电路

利用 LM317 实现输出 12V/12A 扩流功能测试电路，具体如图 2.48 所示，由输入电源、扩流晶体管和调节电路构成。LM317 和反馈电阻实现稳压功能，晶体管

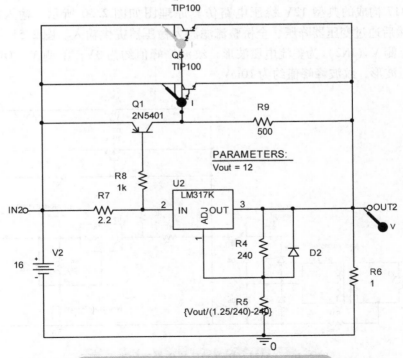

图 2.48 LM317 扩流功能测试电路仿真原理图

Q1、Q4 和 Q5 实现扩流功能。

图 2.49 为输出电压和输出电流仿真波形，下侧 V（OUT2）为 12V 输出电压波形；上侧为输出电流波形，输出电流由达林顿晶体管并联提供，每路输出电流 6A；LM317 实现输出电压调节和控制功能。

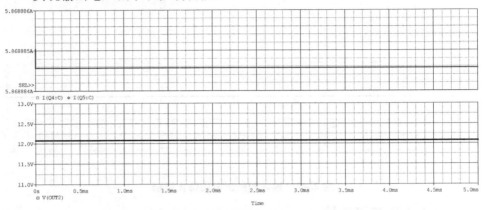

图 2.49　输出电压和输出电流仿真波形

### 2.5.3　LM317 典型 12V 稳压电路

LM317 构成的典型 12V 稳压电路仿真原理图如图 2.50 所示，输入电压 AC 220V，然后通过变压器降压、全桥整流滤波为稳压器提供输入。图 2.51 为其仿真波形，上侧 V（IN2）为整流电压波形，纹波峰峰值约为 3V；下侧 V（OUT2）为输出电压波形，纹波峰峰值约为 10mV。

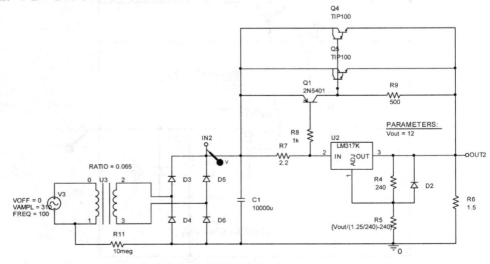

图 2.50　LM317 典型 12V 稳压电路仿真原理图

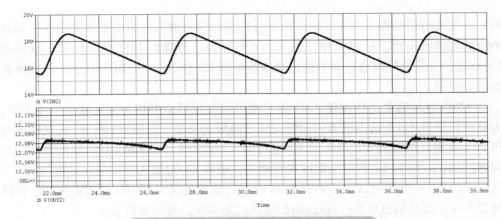

图 2.51　LM317 典型 12V 稳压电路仿真波形

# 2.6 LM317 应用设计

## 2.6.1　±20V/1A 固定输出稳压电源

利用 LM317 和 LM137 构成的 ±20V/1A 固定输出稳压电源仿真原理图如图 2.52

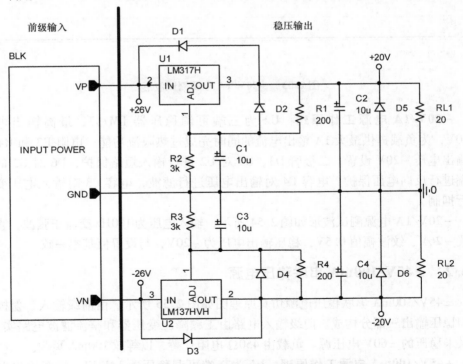

图 2.52　±20V/1A 固定输出稳压电源仿真原理图

所示，主要由前级输入和稳压输出两部分构成。前级输入电路由工频降压变压器和整流滤波电路实现，提供未稳压的 ±26V 电压源。负载由 20Ω 电阻代替，以等效 1A 负载。实际设计时通过调节输出稳压级电阻 R2 和 R3 改变输出电压，以满足具体设计指标。

**+20V/1A 电源工作原理**：U1 为三端可调稳压器 LM317，最高输出电压 50V，为负载提供最大 1A 输出电流的同时完成过热限流功能；电阻 R1 和 R2 实现输出电压 20V 设置；二极管 D1、D2 对 U1 进行输入短路保护，D5 对 U1 的输出端进行反向电压保护；电容 C2 对输出电压进行滤波，电容 C1 对输入电压变化进行抑制。

+20V/1A 电源测试波形如图 2.53 所示，输入电压为 100Hz 交流正弦波，直流偏置 26V、纹波幅值 0.5V；稳压输出电压约为 20V，与设置值基本一致。

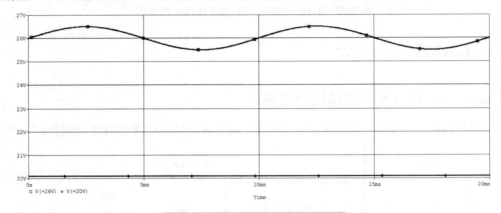

**图 2.53   +20V/1A 电源测试波形**

**−20V/1A 电源工作原理**：U2 为三端可调稳压器 LM137，最高输出电压 −50V，为负载提供最大 1A 输出电流的同时完成过热限流功能；电阻 R3 和 R4 实现输出电压 −20V 设置；二极管 D3、D4 对 U2 进行输入短路保护，D6 对 U2 的输出端进行反向电压保护；电容 C4 对输出电压进行滤波，电容 C3 对输入电压变化进行抑制。

−20V/1A 电源测试波形如图 2.54 所示，输入电压为 100Hz 交流正弦波，直流偏置 −26V、纹波幅值 0.5V；稳压输出电压为 −20V，与设置值基本一致。

## 2.6.2   ±45V/100mA 串联稳压电源

±45V/100mA 串联稳压电源仿真原理图如图 2.55 所示，由前级输入、射极跟随和稳压输出三部分构成。前级输入电路由工频降压变压器和整流滤波电路实现，提供未稳压的 ±60V 电压源。负载由 450Ω 电阻代替，以等效 100mA 负载。

**+45V/100mA 电源工作原理**：U1 为三端可调稳压器 LM317，最高输出电压 50V，为负载提供最大 100mA 输出电流的同时完成过热限流功能；电阻 R1 和 R2

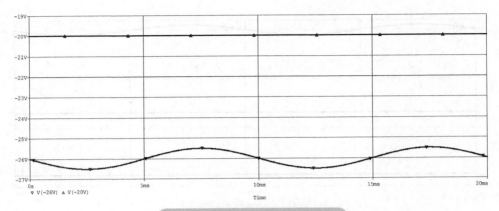

图 2.54   −20V/1A 电源测试波形

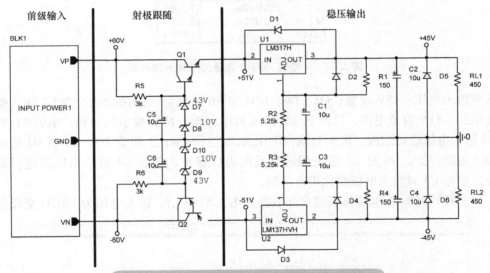

图 2.55   ±45V/100mA 串联稳压电源仿真原理图

实现输出电压 45V 设置；Q1、D7、D8 和 R5 实现射极跟随功能，为 U1 输入端提供约 51V 直流电源，以降低 U1 输入和输出压差从而减小其功耗；电容 C5 对 U1 输入电压进行滤波，以便对输出电压纹波进行抑制；二极管 D1、D2 对 U1 进行输入短路保护，D5 对 U1 输出端进行反向电压保护；电容 C2 对输出电压进行滤波，电容 C1 对输入电压变化进行抑制。

+45V/100mA 电源仿真波形和数据如图 2.56 所示，输入电压为 100Hz 交流正弦波，直流偏置 60V，纹波幅值 0.5V；射极跟随输出电压为 51.584V，稳压输出电压为 45.195V，与设置值基本一致。

**−45V/100mA 电源工作原理**：U2 为三端可调稳压器 LM137，最高输出电压 −50V，为负载提供最大 100mA 输出电流的同时完成过热限流功能；电阻 R3 和 R4

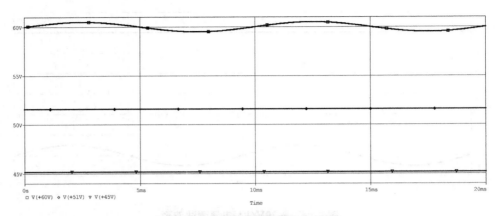

| Probe Cursor | | |
|---|---|---|
| A1 = | 10.002m, | 51.584 |
| A2 = | 10.002m, | 45.195 |
| dif= | 0.000, | 6.3884 |

图 2.56　+45V/100mA 电源测试波形和数据

实现输出电压 – 45V 设置；Q2、D9、D10 和 R6 实现射极跟随功能，为 U2 输入端提供约 – 51V 直流电源，以降低 U2 输入和输出压差从而减小其功耗；电容 C6 对 U2 输入电压进行滤波，以便对输出电压纹波进行抑制；二极管 D3、D4 对 U2 进行输入短路保护，D6 对 U2 输出端进行反向电压保护；电容 C4 对输出电压进行滤波，电容 C3 对输入电压变化进行抑制。

　　– 45V/100mA 电源仿真波形和数据如图 2.57 所示，输入电压为 100Hz 交流正

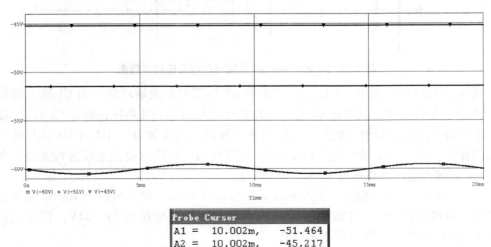

| Probe Cursor | | |
|---|---|---|
| A1 = | 10.002m, | -51.464 |
| A2 = | 10.002m, | -45.217 |
| dif= | 0.000, | -6.2468 |

图 2.57　– 45V/100mA 电源仿真波形和数据

弦波，直流偏置 -60V，纹波幅值 0.5V；射级跟随输出电压为 -51.464V，稳压输出电压为 -45.217V，与设置值基本一致。

实际设计时通过调节射极跟随级的稳压管和输出稳压级电阻 R2 和 R3 改变输出电压与三端稳压器输入、输出压差，在满足输出指标的前提下尽量减小三端稳压器功耗，使得电源能够长时间稳定工作。

### 2.6.3  可调跟踪正负稳压电源

可调跟踪正负稳压电源仿真原理图如图 2.58 所示，输出电压范围 ±2.5V ~ ±15V，最大电流 1A，由前级输入和稳压输出两部分构成。前级输入电路由工频降压变压器和整流滤波电路实现，提供未稳压的 ±20V 电压源。负载由 15Ω 电阻代替，以等效 1A 负载。

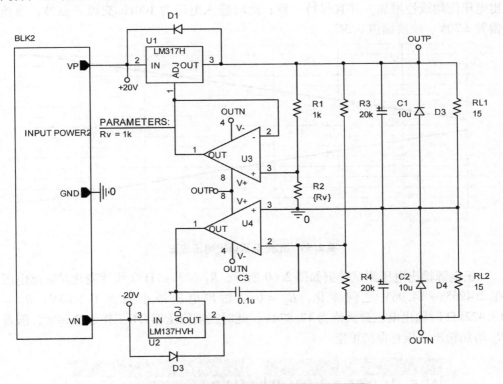

**图 2.58  可调跟踪正负稳压电源仿真原理图**

**+2.5V ~ +15V/1A 电源工作原理**：U1、U3 和电阻 R1、R2 实现输出正压调节，正常工作时电阻 R1 两端电压为 1.25V 并且保持恒定，通过调节 R2 电阻值改变输出电压，此时 R1 与 R2 阻值之比与其两端电压之比相等；U1 为三端可调稳压器 LM317，最高输出电压 50V，为负载提供最大 1A 输出电流的同时完成过热限流功能；二极管 D1 对 U1 进行输入短路保护，D3 对 U1 输出端进行反向电压保护；电容 C1 对输出电压进行滤波。

**−2.5V ~ −15V/1A 电源工作原理**：U2、U4 和电阻 $R_3$、$R_4$ 实现输出负压调节，正常工作时 $-\dfrac{V\ (OUTP)}{V\ (OUTN)} = \dfrac{R_3}{R_4}$，通过调节 $R_3$ 与 $R_4$ 阻值之比实现正负电压跟踪特性，当 $\dfrac{R_3}{R_4} = 1$ 时实现正负电压跟踪；U2 为三端可调稳压器 LM137，最高输出电压 −50V，为负载提供最大 1A 输出电流的同时完成过热限流功能；二极管 D3 对 U2 进行输入短路保护，D4 对 U2 输出端进行反向电压保护；电容 C2 对输出电压进行滤波。

正负电源输出电压波形如图 2.59，当电阻 $R_2$ 在 0 ~ 13.4kΩ 线性增加时正负输出电压值均线性增加，并且保持一致；此时输入电压为 100Hz 交流正弦波，直流偏置 ±20V、纹波幅值 0.5V。

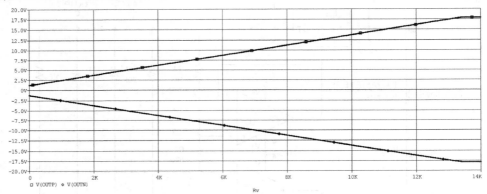

**图 2.59    正负电源输出电压波形**

正电源输出电压测试数据如图 2.60 所示，$R_2$ 在 1 ~ 11kΩ 线性变化时输出电压在 2.4965 ~ 14.96V 之间变化；$R_2 = 0$ 时输出电压最小值为 1.2483V；$R_2 = 13.422$kΩ 时输出电压最大值为 17.870V，此时三端稳压器 U1 工作于饱和区，随着 $R_2$ 增加输出电压将保持恒定。

```
Probe Cursor
A1 =   11.000K,      14.960
A2 =   1.0000K,       2.4965
dif=   10.000K,      12.463
```

```
Probe Cursor
A1 =   13.422K,      17.870
A2 =   1.0000m,       1.2483
dif=   13.422K,      16.622
```

**图 2.60    正电源输出电压测试数据**

负电源输出电压测试数据如图 2.61 所示，$R_2$ 在 1 ~ 11kΩ 线性变化时输出电压在 −2.4963 ~ −14.96V 之间变化；$R_2 = 0$ 时输出电压最小值为 −1.2483V；$R_2 = $

13.398k 时输出电压最大值为 −17.852V，此时三端稳压器 U2 工作于饱和区，随着 $R_2$ 增加输出电压将保持恒定。

运放 U3 和 U4 工作特性对输出电压范围影响很大，因为二者采用输出正负电源供电，当电源输出电压很低时运放必须能够正常工作。实际工作时运放输出电压与供电电压的差值为 1.25V，所以尽量选用轨到轨型精密运放。

```
Probe Cursor
A1 =  11.000K,  -14.960
A2 =  1.0000K,  -2.4965
dif=  10.000K,  -12.463
```

```
Probe Cursor
A1 =  13.398K,  -17.852
A2 =  1.0000m,  -1.2483
dif=  13.398K,  -16.603
```

**图 2.61　负电源输出电压测试数据**

# 第 3 章
# 可调直流线性电源应用设计

　　可调直流线性电源指功率调整管工作于线性区，根据输出设置与负载大小自动调整使得输出端恒压或者恒流。该类电源具有结构简单、技术成熟，可实现高稳定度、低波纹、无开关电源的高频干扰与噪声等优良特性；主要用于低压和轻载的情况，但是功耗较大。本章主要对 ±20V/100mA、+15V/2A、+73V 与 +35V、48V/200mA、0~25V/1A、100.000mV/1μV、倍压驱动 PSU 电源模块和 100V/1A 可调线性电源进行工作原理分析与设计、仿真计算和实际测试。并在完全理解实例电路的基础上进行扩流与扩压设计，以满足实际设计要求，达到线性电源设计的融会贯通。

## 3.1 ±20V/100mA 可调线性电源分析与设计

### 3.1.1 ±20V/100mA 主电路工作原理分析

　　±20V/100mA 线性电源电路仿真原理图如图 3.1 所示，运放 U1 和 U2 完成稳压反馈控制，并且运放供电由输出电压提供；稳压二极管 DZ3 和 DZ4 分别通过电阻 RD3 和 RD4 进行偏置，为运放正输入端提供基准电压；运放负输入端分别与分压电阻 R1、R2 和 R3、R4 相连接，实现输出电压采样，通过改变 R1 和 R3 阻值调节输出电压；电容 C1、C2 实现环路稳定，使得输出电压能够快速达到设定值，并且消除负载切换以及供电变化时的振荡效应。

　　功率晶体管 Q3 和 Q4 实现功率输出，分别由电阻 RD1 和 RD2 进行电流偏置，然后通过运放 U1 和 U2 输出电压进行控制；稳压二极管 DZ1 和 DZ2 实现运放输出电压偏置，其稳压值设置为输出电压的二分之一，此时运放工作在最佳状态。晶体管 Q3 和 Q4 的射极分别与限流电阻 RS1 和 RS2 串联后连接至输出端，Q1 和 Q2 实现输出限流保护，通常 $V_{be} = 0.7V$，所以通过设置 RS1 和 RS2 参数值完成限流值的设定。

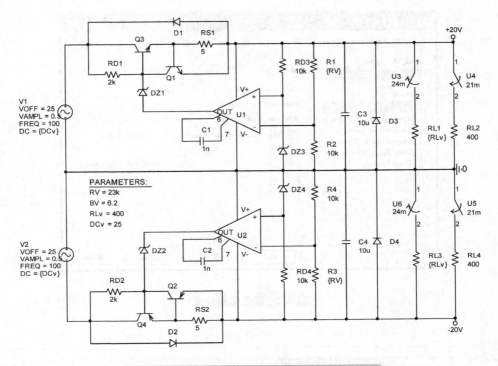

图 3.1　±20V/100mA 可调线性电源仿真原理图

二极管 D1、D2 对电源输入端进行短路保护，D3、D4 对输出端进行反向电压保护；电容 C3、C4 对输出电压进行滤波，电容 C1、C2 使得输出电压快速稳定。

### 3.1.2　±20V/100mA 电源特性仿真测试

接下来对 ±20V/100mA 线性电源进行整机仿真测试，包括负载效应、源效应、输出电压调节与限流保护。

**负载效应**：对电路进行瞬态仿真设置，具体如图 3.2 所示；测试输入电压 25V、纹波 0.5V/100Hz、负载电流在 50 ~ 100mA 切换时的输出电压特性。

输出电压和功率晶体管的射极电流仿真波形如图 3.3 所示。当负载电流从 50mA 增大至 100mA 时输出电压下降 100mV，恢复时间约 0.4ms；当负载电流从 100mA 降低至 50mA 时输出电压上升 50mV，恢复时间约 0.3ms。

**源效应**：对电路进行直流仿真设置，具体如图 3.4 所示。当输入电源幅值在 15 ~ 30V 之间线性增加时测试输出电压变化特性。

输出电压仿真波形如图 3.5 所示，当输入电压幅值在 15 ~ 22V 线性增加时输出电压也随之增加，但两者差值近似为 1.8V，主要由驱动电阻 RD1 和 RD2 的压降，以及 Q3 和 Q4 的 $V_{be}$ 电压引起，此时输出电压未达到设定值 ±20V；当输入电压幅

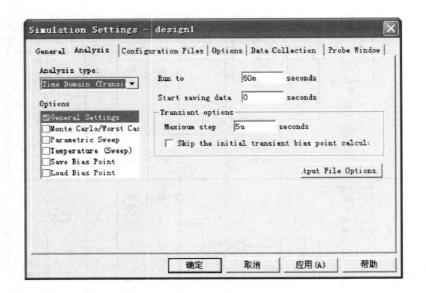

图 3.2   瞬态仿真设置

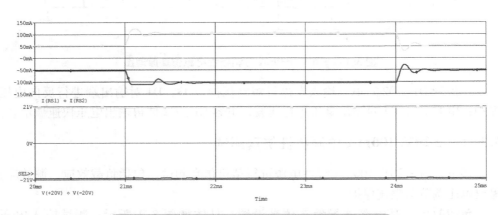

图 3.3   输出电压和功率晶体管射极电流仿真波形

值在 22 ~ 30V 线性增加时输出电压保持 ±20V 不变，电源实现稳压输出，所以实际设计时务必保持输入电压高于最高输出电压 2V，以保证输出电压满足设计指标。

**输出电压调节**：输入电压源幅值保持 25V 恒定，当分压电阻 $R_1$ 和 $R_3$ 的阻值在 10 ~ 23kΩ 线性增加时测试输出电压调节范围，具体仿真设置如图 3.6 所示。

输出电压仿真波形和测试数据如图 3.7 所示；当电阻 $R_1$ 和 $R_3$ 的阻值在 10 ~ 23kΩ 线性增大时输出电压也随之线性增加；最小值分别为 -12.251V 和 12.252V，最大值分别为 -20.239V 和 20.243V。实际设计时可根据具体输出电压范围首先选定稳压二极管 DZ3 和 DZ4，然后再计算分压电阻值及其阻值调节范围。

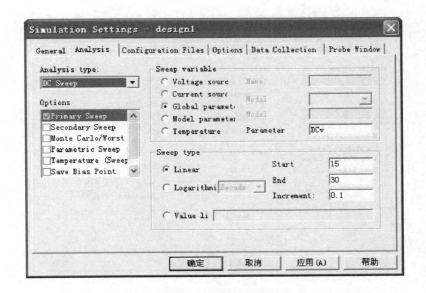

**图 3.4　输入电源直流仿真设置**

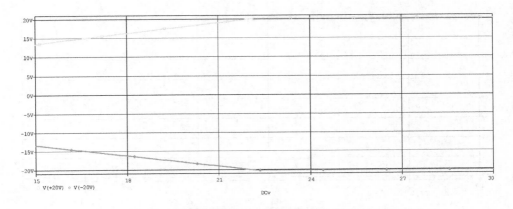

**图 3.5　输出电压仿真波形**

　　**限流保护**：输入电压源保持 25V 恒定，当输出电压设置为 ±20V 时调节负载电阻 $R_{L1}$ 和 $R_{L3}$，使其阻值从 $100\Omega$ 到 $300\Omega$ 线性增加，测试输出电压和输出电流特性，具体仿真设置如图 3.8 所示。

　　输出电压和负载电流仿真波形如图 3.9 所示；当负载电阻 $R_{L1}$ 和 $R_{L3}$ 参数值小于 $150\Omega$ 时输出电流限制在约 130mA，此时电路工作于近似恒流模式。然后随着 $R_{L1}$ 和 $R_{L3}$ 参数值逐渐增大，输出电压也随之增加，最后稳定于 ±20V 设定值，此时电路工作于恒压模式。通过调节限流电阻 $R_{S1}$ 和 $R_{S2}$ 的参数值调整限流值，近似计

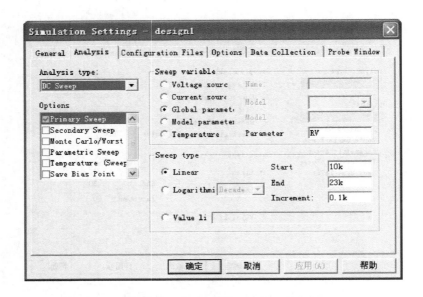

图 3.6 电阻 $R_1$ 和 $R_3$ 参数值仿真设置

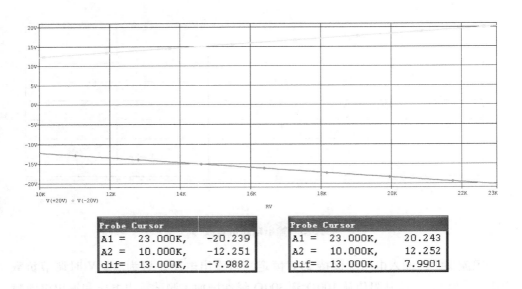

| Probe Cursor | | |
|---|---|---|
| A1 = | 23.000K, | -20.239 |
| A2 = | 10.000K, | -12.251 |
| dif= | 13.000K, | -7.9882 |

| Probe Cursor | | |
|---|---|---|
| A1 = | 23.000K, | 20.243 |
| A2 = | 10.000K, | 12.252 |
| dif= | 13.000K, | 7.9901 |

图 3.7 输出电压仿真波形和测试数据

算公式如下：

$$R_{S1} = R_{S2} = \frac{0.7}{I_S}(I_S \text{ 限流值})$$

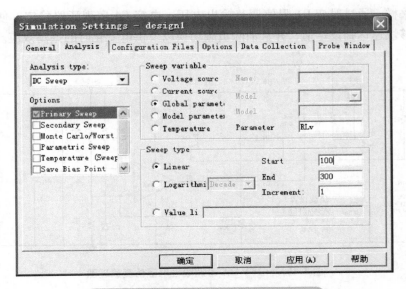

图 3.8　负载电阻 $R_{L1}$ 和 $R_{L3}$ 参数仿真设置

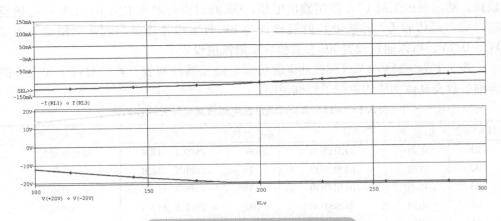

图 3.9　输出电压和负载电流仿真波形

## 3.2　+15V/2A 可调线性电源分析与设计

### 3.2.1　+15V/2A 主电路工作原理分析

　　+15V/2A 可调线性电源仿真原理图如图 3.10 所示，运放 U1A 完成稳压反馈控制，并且运放供电由输出电压提供；稳压二极管 D3 通过电阻 R3 进行偏置，为运放正输入端提供基准电压；运放负输入端与分压电阻 R1 和 R2 相连接，实现输出电压采样，通过改变 R1 阻值调节输出电压；电容 C4 实现环路稳定，使得输出电压能够快速达到设定值，并且消除负载切换以及供电变化时的振荡效应。

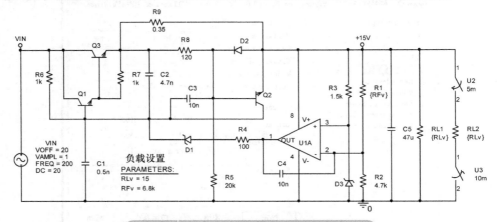

**图 3.10    +15V/2A 可调线性电源仿真原理图**

驱动晶体管 Q1 与功率晶体管 Q3 串联实现功率输出，Q1 由电阻 R6 进行电流偏置，然后通过运放 U1A 控制输出电压；Q3 的射极与限流电阻 R9 串联后连接至输出端，晶体管 Q2 的基极和射极分别与 R9 两端相互连接实现输出限流，通常 $V_{be} = 0.7V$，所以通过设置 R9 参数值完成限流值设定。

表 3.1 为 +15V/2A 可调线性电源仿真电路元器件列表，其中对每个元器件的详细参数及具体功能均进行了详细说明。

**表 3.1    +15V/2A 可调线性电源仿真电路元器件列表**

| 编　　号 | 名　　称 | 型　　号 | 参　　数 | 库 | 功能注释 |
|---|---|---|---|---|---|
| R1 | 电阻 | RESISTOR | {RFv} | PSPICE_ELEM | 输出电压调节 |
| R2 | 电阻 | RESISTOR | 4.7k | PSPICE_ELEM | 分压 |
| R3 | 电阻 | RESISTOR | 1.5k | PSPICE_ELEM | 偏置电流 |
| R4 | 电阻 | RESISTOR | 100 | PSPICE_ELEM | 驱动电阻 |
| R5 | 电阻 | RESISTOR | 20k | PSPICE_ELEM | 保护 |
| R6 | 电阻 | RESISTOR | 1k | PSPICE_ELEM | 偏置电流 |
| R7 | 电阻 | RESISTOR | 1k | PSPICE_ELEM | 偏置电流 |
| R8 | 电阻 | RESISTOR | 120 | PSPICE_ELEM | 保护 |
| R9 | 电阻 | RESISTOR | 0.35 | PSPICE_ELEM | 限流电阻 |
| RL1 | 电阻 | RESISTOR | {RLv} | PSPICE_ELEM | 等效负载 |
| RL2 | 电阻 | RESISTOR | {RLv} | PSPICE_ELEM | 等效负载 |
| C1 | 电容 | C | 0.5n | ANALOG | 滤波、环路稳定 |
| C2 | 电容 | C | 4.7n | ANALOG | 滤波、环路稳定 |
| C3 | 电容 | C | 10n | ANALOG | 滤波、环路稳定 |
| C4 | 电容 | C | 10n | ANALOG | 环路稳定 |

（续）

| 编　号 | 名　　称 | 型　号 | 参　数 | 库 | 功 能 注 释 |
|---|---|---|---|---|---|
| C5 | 电容 | C | 47μ | ANALOG | 输出滤波 |
| D1 | 稳压管 | D1N757 | 9.1V | DIODE | 偏置电压 |
| D2 | 二极管 | 1S1587 | 9.1V | DI | 保护 |
| D3 | 稳压管 | D1N753 | 6.2V | DIODE | 基准电压 |
| Q1 | 晶体管 | Q2SC945 | | JBIPOLAR | 驱动 |
| Q2 | 晶体管 | Q2SC945 | | JBIPOLAR | 过电流保护 |
| Q3 | 晶体管 | Q2SD553 | | JBIPOLAR | 功率输出 |
| U1A | 运放 | TL072 | | TEX_INST | 反馈控制 |
| U2 | 开关 | sw_tClose | 5m | ANL_MISC | 负载切换 |
| U3 | 开关 | Sw_tOpen | 10m | ANL_MISC | 负载切换 |
| VIN | 交流电压源 | VSIN | | SOURCE | 供电电源 |
| 0 | 地 | 0 | | SOURCE | 绝对零 |

## 3.2.2　+15V/2A 电源特性仿真测试

接下来对 +15V/2A 可调线性电源进行整机仿真测试，包括负载效应、源效应、输出电压调节与限流保护。

**负载效应**：对电路进行瞬态仿真设置，具体如图 3.11 所示。测试输入电压 20V、纹波 1V/200Hz、负载电流在 1A 和 2A 之间切换时的输出电压特性。

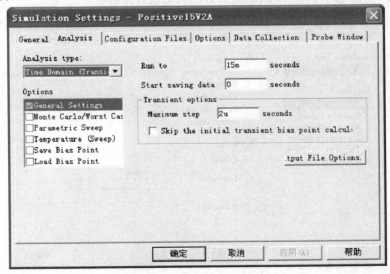

图 3.11　瞬态仿真设置

输入电压、输出电压和负载电流仿真波形如图 3.12 所示。当负载电流从 1A 增大至 2A 时输出电压下降 0.3V，恢复时间约 0.4ms；当负载电流从 2A 降低至 1A 时输出电压上升 0.3V，恢复时间约 0.3ms。

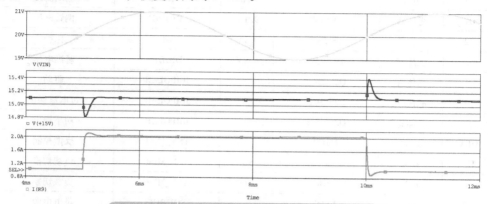

**图 3.12　输入电压、输出电压和负载电流仿真波形**

**源效应**：对电路输入电源 $V_{IN}$ 进行直流仿真设置，具体如图 3.13 所示。当输入电源 $V_{IN}$ 在 12~20V 线性增加时测试输出电压变化特性。

输入电压和输出电压仿真波形如图 3.14 所示。当输入电压在 12~17V 线性增加时输出电压也随之增加，但两者差值近似为 1.8V——两只晶体管 Q1 与 Q3 的 $V_{be}$ 压降之和，此时输出电压未达到设定值 15V；当输入电压在 17~20V 线性增加时输出电压保持 15V 不变，电路实现稳压输出，所以实际设计时务必保持输入电压高于最高输出电压 2V，以保证输出电压满足设计指标。

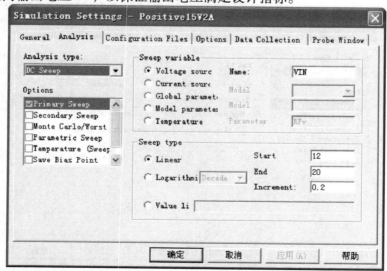

**图 3.13　输入电源 $V_{IN}$ 直流仿真设置**

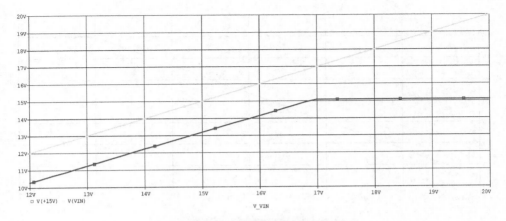

**图 3. 14　输入和输出电压仿真波形**

**输出电压调节**：输入源 $V_{IN}$ 保持 20V 恒定，当分压电阻 $R_1$ 参数值在 4 ~ 10kΩ 线性增加时测试输出电压调节范围，具体仿真设置如图 3. 15 所示。

**图 3. 15　电阻 $R_1$ 参数值仿真设置**

输出电压仿真波形如图 3. 16 所示，当电阻 $R_1$ 的参数值在 4 ~ 9kΩ 线性增大时输出电压也随之线性增加；当参数值在 9 ~ 10kΩ 线性增大时输出电压保持20V - 2V =18V 恒定不变，与源效性分析结果一致。

**限流保护**：输入电源 $V_{IN}$ 保持 20V 恒定，当输出电压设置为 15V，调节负载电阻 $R_{L1}$，使其阻值从 6 ~ 9Ω 线性增加，测试输出电压和输出电流特性，负载电阻 $R_{L1}$ 参数具体仿真设置如图 3. 17 所示。

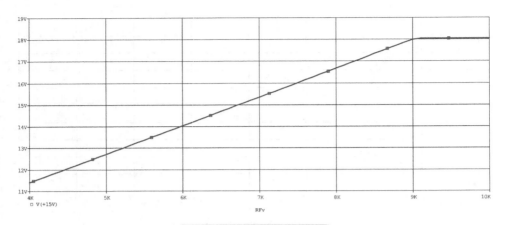

**图 3.16  输出电压仿真波形**

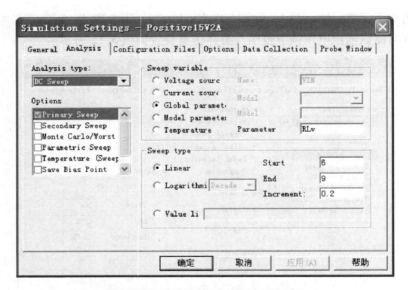

**图 3.17  负载电阻 $R_{L1}$ 参数仿真设置**

输出电压和负载电流仿真波形如图 3.18 所示。当负载电阻 $R_{L1}$ 参数值小于 6.8Ω 时输出电流限制在约 2.2A，此时电路工作于恒流方式，然后随着 $R_{L1}$ 参数值逐渐增大，输出电压也随之增加，最后稳定于 15V 设定值，此时电路工作于恒压方式，通过调节限流电阻 $R_9$ 的参数值调整限流值，近似计算公式如下：

$$R_9 = \frac{0.7}{I_S} (I_S \text{ 限流值})$$

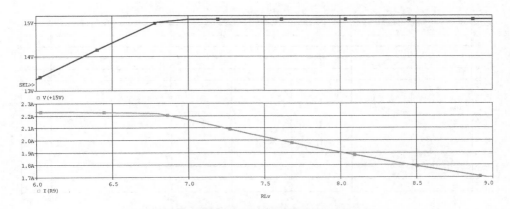

图 3.18　输出电压和负载电流仿真波形

## 3.2.3 　 −15V/2A 功能扩展

−15V/2A 线性电源仿真原理图如图 3.19 所示，与图 3.10 工作原理一致，但是晶体管由 NPN 型全部更换为 PNP 型，接下来对电路进行瞬态仿真分析，测试其输出特性。

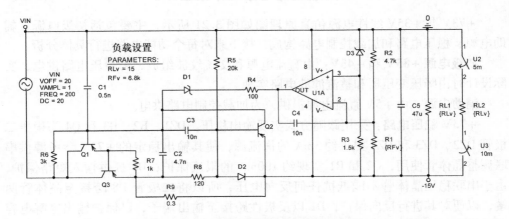

图 3.19　 −15V/2A 线性电源仿真原理图

输出电压和电流仿真波形如图 3.20 所示。当负载电流从 1A 增大至 2A 时输出电压从 −15.1V 降至 −14.85V，恢复时间约 0.2ms；当负载电流从 2A 降低至 1A 时输出电压从 −15.1V 升至 −15.35V，恢复时间约 0.3ms。

−15V/2A 电源工作原理与 +15V/2A 一致，电路互相对称，分析过程相似，希望读者能够独立对 −15V/2A 电源负载效应、输出电压调节以及限流保护进行测试。

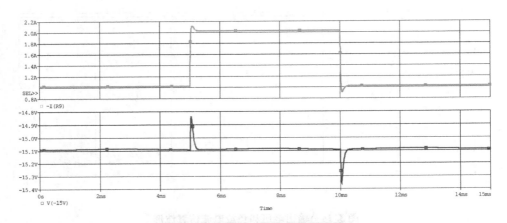

图 3.20　输出电压和电流仿真波形

# 3.3　+73V 与 +35V 高效线性电源分析与设计

## 3.3.1　+73V 与 +35V 高效线性电源工作原理分析

+73V 与 +35V 线性电源仿真原理图如图 3.21 所示,主要包括初级电源、辅助电源、稳压电路和加载控制电路构成,接下来对每个功能电路进行具体分析。

**初级电源 +85V 和 +45V**:由直流电源和交流纹波组成,为稳压电路供电,实际设计时由降压变压器和整流滤波电路实现。

**辅助电源**:由 +5V 直流电源提供,为加载控制电路供电。

**+73V 稳压电路**:采用跟随方式实现输出稳压。DZ1、R2、R3 和 Q4 为稳压二极管 DZ2、DZ3 和 DZ4 提供约 3mA 的恒流源,使其输出稳定的 +75V 参考源供串联调整晶体管使用;Q2 和 R1 实现约 100mA 的限流保护;D8 提供输入短路保护,由于串联稳压晶体管不能抵抗任何反向电压,所以将二极管 D8 跨接至晶体管两端,以便对其进行反向保护;D1 以反极性跨接至输出端子,以保护输出电解电容免受横跨于输出端的反向电压;C1 为输出滤波电容,与电源输出端并联,用于提供短期脉冲负载电流;输出端外部添加任何电容都将提高脉冲负载能力,但会降低限流电路负载保护——平均输出电流限制电路工作之前高电流脉冲可能已将负载损坏。

**+35V 稳压电路**:采用跟随方式实现输出稳压。恒流二极管 D7 为稳压二极管 DZ5 和 DZ6 提供约 2.7mA 的恒流源,使其输出稳定的 +36V 参考源供串联调整晶体管使用;Q7 和 R11 实现约 50mA 的限流保护;D9 提供输入短路保护,由于串联稳压晶体管不能抵抗任何反向电压,所以将二极管 D9 跨接至晶体管两端,以便对其进行反向保护;D6 以反极性跨接到输出端子,以保护输出电解电容免受横跨于

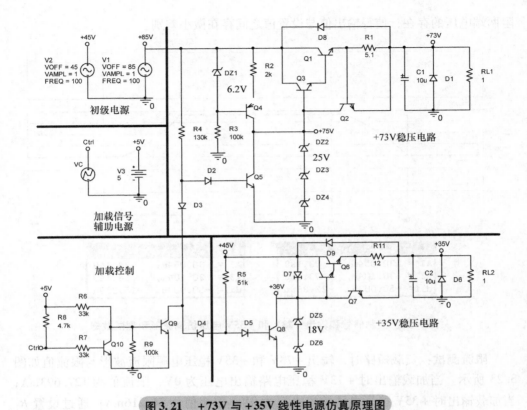

图 3.21　+73V 与 +35V 线性电源仿真原理图

输出端的反向电压；C2 为输出滤波电容，与电源输出端并联，用于提供短期脉冲负载电流；输出端外部添加任何电容都将提高脉冲负载能力，但会降低限流电路负载保护——平均输出电流限制电路工作之前高电流脉冲可能已将负载损坏。

　　**加载控制电路**：当控制信号 Ctrl 为低电平 0V 时，电源加载输出 +73V 和 +35V；当控制信号 Ctrl 为高电平 5V 时电源卸载，输出为 0V；当控制信号 Ctrl 断开时 +5V 辅助电源使得电源卸载，输出保持 0V；仿真测试电路采用分段线性电压源 VC 模拟加载信号对电源进行控制。

## 3.3.2　+73V 与 +35V 电源稳压输出测试

　　接下来对图 3.21 所示的电源电路进行瞬态仿真分析，以测试恒压和限流功能。
　　**瞬态仿真测试**：控制信号和输出 +73V 和 +35V 电压仿真波形以及测试数据如图 3.22 所示；当控制信号为高电平时输出电压为 0V，当控制信号为低电平时输出电压为设定值，限流电路和输出滤波电容使得在加载和卸载瞬间输出电压不能迅速稳定，需要充电和放电时间；输出电压值分别为 73.188V 和 34.149V，该电压值主要由 +75V 和 +35V 基准源电压决定，但是由于串联输出晶体管 $V_{be}$ 电压和限流电阻两端电压的存在，使得输出值与设置值之间存在微小差别。

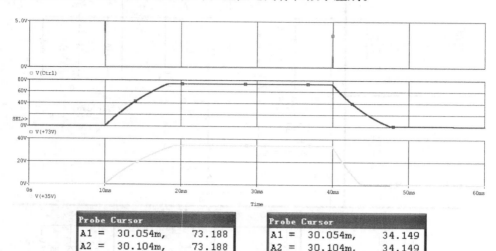

| Probe Cursor | | | Probe Cursor | | |
|---|---|---|---|---|---|
| A1 = | 30.054m, | 73.188 | A1 = | 30.054m, | 34.149 |
| A2 = | 30.104m, | 73.188 | A2 = | 30.104m, | 34.149 |
| dif= | -50.003u, | -22.888u | dif= | -50.003u, | -15.259u |

**图3.22　控制信号和输出+73V和+35V电压仿真波形和测试数据**

**限流测试**：负载短路时，输出+73V和+35V稳压电源限流波形与限流值如图3.23所示。当加载输出时+73V稳压电路输出电压为0V，限流值为127.693mA；当加载输出时+35V稳压电路输出电压为0V，限流值为54.216mA；通过设置$R_1$和$R_{11}$电阻值分别调节两稳压电源的具体限流值。

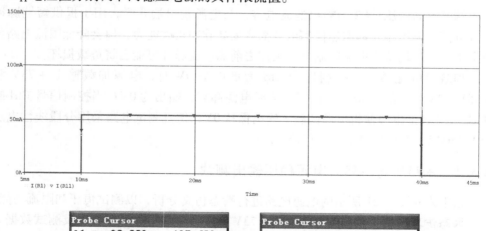

| Probe Cursor | | | Probe Cursor | | |
|---|---|---|---|---|---|
| A1 = | 20.003m, | 127.693m | A1 = | 20.003m, | 54.216m |
| A2 = | 20.003m, | 127.693m | A2 = | 20.003m, | 54.216m |
| dif= | 0.000, | 0.000 | dif= | 0.000, | 0.000 |

**图3.23　+73V和+35V稳压电源限流值测试波形与限流值**

### 3.3.3　48V/200mA 应用设计

利用上述工作原理设计 48V/200mA 固定输出线性电源，具体电路保持不变，只有初级电源和辅助电源改为实际电路，其仿真原理图具体如图 3.24 所示。

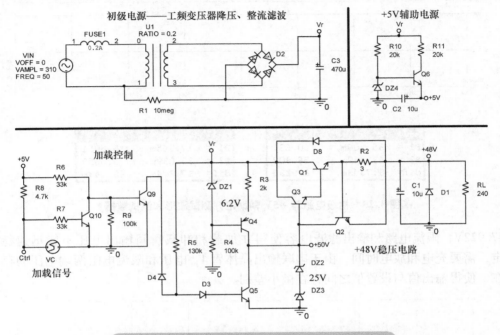

图 3.24　48V/200mA 固定输出线性电源仿真原理图

**初级电源**：由工频降压变压器和全桥整流滤波电路实现。变压器变比为 0.2，功率 20W；滤波电容按照 1A/2000μF 原则进行选取，实际采用 470μF 的电解电容。

**辅助电源**：+5V 辅助电源由初级电源提供，通过 6.2V 稳压管和晶体管进行电压输出；电阻 R10 对稳压管进行直流偏置，使其偏置电流约为 2.5mA；电阻 R11 用于降低晶体管 Q6 功耗，使其能够长时间稳定可靠工作，实际工作时 +5V 电源输出电流约为 2mA，根据此电流计算 R11 参数值。

**+48V 稳压电路**：采用双 25V 稳压管提供 +50V 基准电压对串联调整电路进行驱动。

**第 1 步初级电源与辅助电源测试**：初级电源与 +5V 辅助电源测试波形与具体数据如图 3.25 所示；输出 48V/200mA 时初级电源电压最大值 60.631V、最小值 56.807V、纹波峰峰值 3.823V；输出 0V 时辅助电源电压为 5.595V，输出 48V 时辅助电源电压为 5.555V，变化 40.143mV。

**第 2 步输出 48V 测试**：控制信号和输出电压波形以及输出电压数据如图 3.26 所示。当控制信号为高电平时输出电压为 0V，当控制信号为低电平时输出电压为

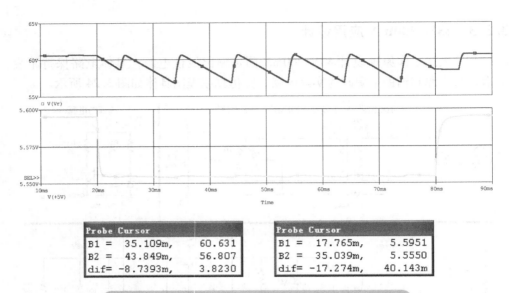

| Probe Cursor | | |
|---|---|---|
| B1 = | 35.109m, | 60.631 |
| B2 = | 43.849m, | 56.807 |
| dif= | -8.7393m, | 3.8230 |

| Probe Cursor | | |
|---|---|---|
| B1 = | 17.765m, | 5.5951 |
| B2 = | 35.039m, | 5.5550 |
| dif= | -17.274m, | 40.143m |

图 3.25　初级电源与 +5V 辅助电源测试波形和测试数据

47.922V，限流电路和输出滤波电容使得在加载和卸载瞬间输出电压不能迅速稳定，需要充电和放电时间；由于串联输出晶体管 $V_{be}$ 电压和限流电阻两端电压的存在，使得输出值与设置值之间存在微小差别。

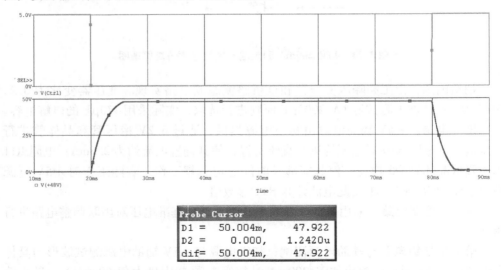

| Probe Cursor | | |
|---|---|---|
| D1 = | 50.004m, | 47.922 |
| D2 = | 0.000, | 1.2420u |
| dif= | 50.004m, | 47.922 |

图 3.26　输出 48V 时控制信号与输出电压波形和输出电压数据

　　**限流测试**：负载短路时控制信号与输出电流波形与限流值如图 3.27 所示。当输出加载时 48V 稳压电路输出电压为 0V，限流值为 216.987mA。通过设置 $R_2$ 电阻值调节稳压电路的具体限流值。

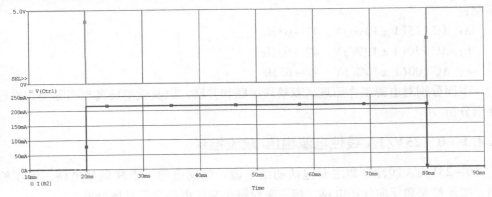

图 3.27 负载短路时控制信号与输出电流波形和限流值

## 3.4 0 ~ 25V/1A 连续可调高效线性电源分析与设计

一种 0 ~ 25V/1A 的小型、恒压/限流的可调线性电源仿真原理图如图 3.28 所示，该电源可在电流 1A 时提供 0 ~ 25V 连续可调直流输出电压。如需更高电压或者更大电流，可将多路电源模块串联或者并联使用，每路输出电压在其全范围内连续可调，并且独立的电流限制电路保护每路输出免受过载和短路损害。

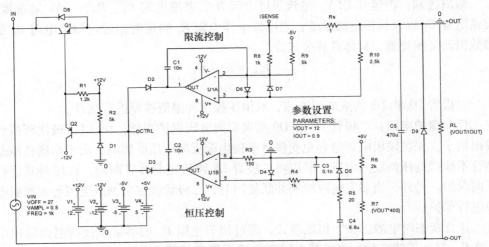

图 3.28 0 ~ 25V/1A 连续可调线性电源仿真原理图

　　该电源由市电进行供电，通过调节工频变压器输入端子使其与如下标准相匹配：

　　a：AC 115(1±10%)V、47~63Hz

　　b：AC 230(1±10%)V、47~63Hz

　　c：AC 100(1±10%)V、47~63Hz

　　下面分别对电源工作原理、双模块串联和并联，以及效率提高与实际测试进行详细分析。

### 3.4.1　0~25V/1A 线性电源稳压/限流控制

　　0~25V/1A 线性电源主要包括初级电源、辅助电源、串联调整电路、恒压控制、限流控制和反向保护电路，接下来对每个功能电路进行具体分析。

　　**初级电源 VIN**：由直流电源和交流纹波组成，为主电路供电，实际设计时由降压变压器和整流滤波电路实现。

　　**辅助电源**：由±12V 供电电源和±5V 参考电源组成。±12V 电源为运放和串联调整电路供电；±5V 参考电源为稳压和限流电路提供基准；实际设计时由降压变压器，整流滤波电路，±12V 三端稳压器 7812、7912 和 LM336 基准源实现。

　　**串联调整电路**：由驱动控制晶体管 Q2 和功率输出晶体管 Q1 组成。CTRL 信号通过 Q2 实现对 Q1 基极的控制以实现输出稳压与限流，其中 +12V 电源和电阻 $R_1$ 为串联调整电路提供偏置电流。

　　**恒压控制**：由运放 U1B、电压采样电阻 $R_6$ 和 $R_7$、反馈电容 $C_2$ 以及保护电路组成。通过改变电阻 $R_7$ 的参数值实现输出电压调节，具体计算公式为 $V_{\mathrm{OUT}} = \dfrac{R_7}{R_6} \times 5$。

　　**限流控制**：由运放 U1A，电流采样电阻 $R_s$，基准电阻 $R_8$、$R_9$、$-5V$ 基准源、反馈电容 $C_1$ 以及保护电路组成；当电流采样电阻 $R_s$ 固定时，通过调节电阻 $R_8$ 的参数值改变限流值，具体计算公式为

$$R_8 = \frac{I_{\max} \times R_s \times R_9}{5}$$

二极管 D2 和 D3 构成或门电路，对恒压控制和限流控制进行选择。

　　**反向保护电路**：二极管 D8 和 D9 实现反向电压保护功能。D9 以反极性跨接到输出端子，保护输出电解电容免受横跨于输出端反向电压的影响，由于串联稳压晶体管不能抵抗任何反向电压，所以将二极管 D8 跨接至晶体管两端，以便对其进行反向保护。另外，当多支电源模块并联使用时，二极管能够对加载电源与未加载电源进行保护。

　　正常状态时电源工作于恒压模式，通过调节电阻 $R_7$ 的参数值使得电源输出电压在 0~25V 连续变化。当负载电阻变小或者短路使得输出电流大于 1A 时限流电路开始工作，此时电源工作于限流模式，输出电流为恒定值 1A。

$C_5$ 为输出电容，跨接于电源输出端，用于恒压控制时提供短期脉冲负载电流。另外，输出端外部添加任何电容都将提高脉冲负载能力，但会降低限流电路负载保护——平均输出电流限制电路工作之前高电流脉冲可能已将负载损坏。

接下来对图 3.28 所示电路进行瞬态和直流仿真分析，以测试恒压和限流功能。表 3.2 为 PSpice 仿真电路元器件列表，对电路中每个元器件的具体功能均进行了详细说明。

表 3.2　0~25V/1A 连续可调线性电源仿真电路元器件列表

| 编　号 | 名　称 | 型　号 | 参　数 | 库 | 功能注释 |
|---|---|---|---|---|---|
| R1 | 电阻 | R | 1.2k | ANALOG | 偏置电流 |
| R2 | 电阻 | R | 5k | ANALOG | 偏置电流 |
| R3 | 电阻 | R | 150 | ANALOG | 积分 |
| R4 | 电阻 | R | 1k | ANALOG | 保护 |
| R5 | 电阻 | R | 20 | ANALOG | 滤波 |
| R6 | 电阻 | R | 2k | ANALOG | 电压调节 |
| R7 | 电阻 | R | {VOUT*400} | ANALOG | 电压调节 |
| R8 | 电阻 | R | 1k | ANALOG | 限流设置 |
| R9 | 电阻 | R | 5k | ANALOG | 限流设置 |
| R10 | 电阻 | R | 2.5k | ANALOG | 偏置 |
| Rs | 电阻 | R | 1 | ANALOG | 电流采样 |
| RL | 电阻 | R | {VOUT/IOUT} | ANALOG | 等效负载 |
| C1 | 电容 | C | 10n | ANALOG | 环路积分 |
| C2 | 电容 | C | 10n | ANALOG | 环路积分 |
| C3 | 电容 | C | 0.1n | ANALOG | 滤波 |
| C4 | 电容 | C | 6.8μ | ANALOG | 滤波 |
| C5 | 电容 | C | 470μ | ANALOG | 储能 |
| D1 | 二极管 | D1N4148 | | DIODE | 保护 |
| D2、D3 | 二极管 | D1N4148 | | DIODE | 功能选择 |
| D4~D7 | 二极管 | D1N4148 | | DIODE | 保护 |
| D8、D9 | 二极管 | UF4004 | | DI | 反向保护 |
| Q1 | 晶体管 | Q2N6098 | | PWRBJT | 电流放大 |
| Q2 | 晶体管 | 2N4036 | | BJP | 驱动 |
| U1A | 运放 | LF442 | | NS | 限流控制 |
| U1B | 运放 | LF442 | | NS | 恒压控制 |
| VIN | 正弦电压源 | VSIN | 见图 3.28 | SOURCE | 主电源 |
| V1 | 直流电压源 | VDC | 12V | SOURCE | 辅助供电 |
| V2 | 直流电压源 | VDC | -12V | SOURCE | 辅助供电 |
| V3 | 直流电压源 | VDC | 5V | SOURCE | 正基准 |
| V4 | 直流电压源 | VDC | -5V | SOURCE | 负基准 |
| 0 | 地 | 0 | | SOURCE | 绝对零 |

**瞬态仿真测试**：输出 24V/0.9A 瞬态仿真设置与输出电压、电流仿真波形分别如图 3.29 和图 3.30 所示。输出电压设置为 24V、电流设置为 0.9A，仿真结果与设置值一致；电压纹波优于 1mV、电流纹波优于 10μA，电路工作正常。

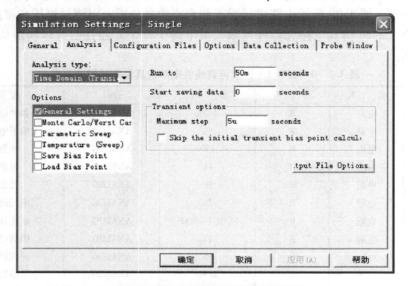

图 3.29    输出 24V/0.9A 瞬态仿真设置

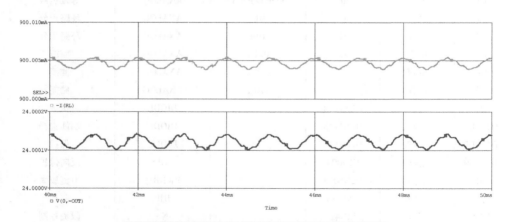

图 3.30    输出 24V/0.9A 输出电压、电流仿真波形

**直流仿真测试**：输出 1 ~ 25V/0.9A 直流仿真设置与输出电压、电流波形以及测试数据分别如图 3.31 和图 3.32 所示。当输出电压在 1 ~ 25V 线性增加、电流恒定为 0.9A 时仿真结果与设置值一致，但电流误差约为 20μA，该误差主要由运放 U1A 的输出电流产生。

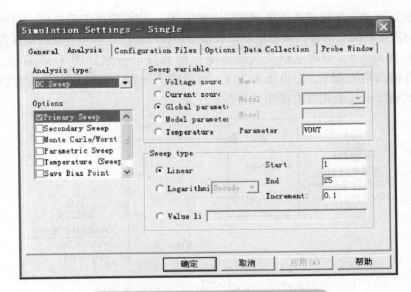

图 3.31 输出 1～25V/0.9A 直流仿真设置

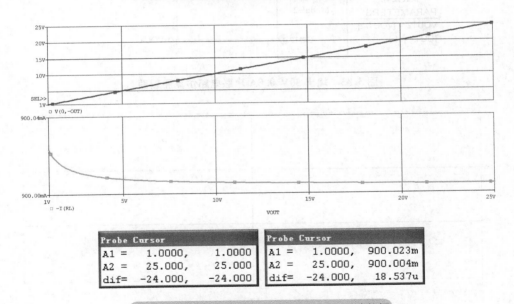

图 3.32 输出 1～25V/0.9A 仿真波形和测试数据

## 3.4.2 50V/1A 双模块串联

当所需电压超过 25V 时可采用两个独立的电源模块串联实现，每个电源模块输出电压独立调节，既可平均分压也可将一个调节至 25V 满量程，然后调节另一个模块进行补偿，如果将两模块串联端设置为0V，则可输出正负电源。每个电源模块内部均跨接反向二极管，保护电源串联输出短接时滤波电容免受反向电压损坏。

输出50V/0.8A串联电路及其输出电压仿真波形分别如图3.33和图3.34所示，每路输出均为25V，总电压为50V，与设置值一致，双模块串联功能正常。接下来测试输出电压变化时电源模块特性。

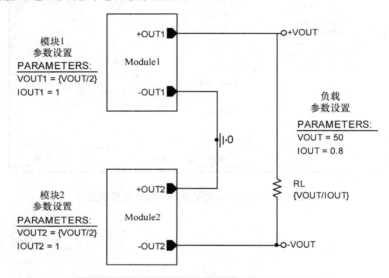

图 3.33　输出 50V/0.8A 串联电路仿真原理图

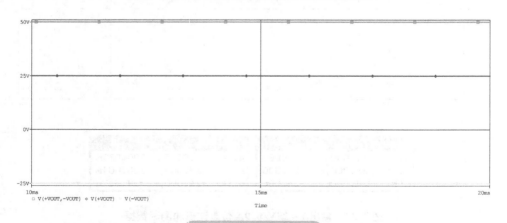

图 3.34　输出电压波形

图3.35和图3.36分别为双模块串联、输出电压为10~50V时直流仿真设置与每个电源模块以及串联输出电压波形——两个电源模块输出电压完全一致、总输出电压为两个电源模块输出电压之和。由于每个电源模块均独立工作，所以可进行多个电源模块串联，以提供更高等级的电压。

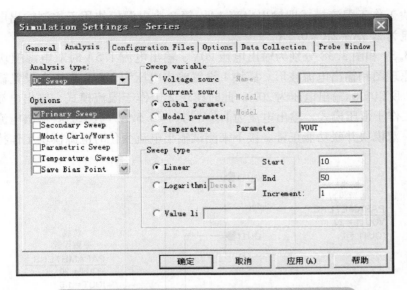

图 3.35　双模块串联、输出电压 10～50V 直流仿真设置

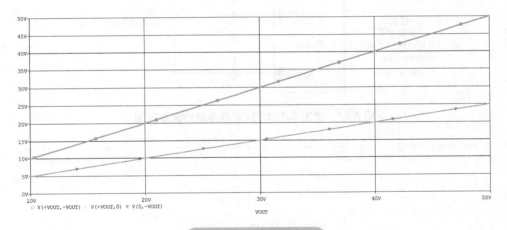

图 3.36　输出电压波形

## 3.4.3　25V/2A 双模块并联

当所需电流超过 1A 时采用两个或多个独立电源模块并联实现，总输出电流为每个独立电源模块输出电流之和。实际设置时将一个电源模块输出电压设置为所需电压，将其余电源模块输出电压设置略高于所需电压。低压输出电源模块用于控制输出电压幅值，而设置为较高输出电压的电源模块起限流作用，其输出电压一直降低至实际输出电压。限流模块工作于 1A 限流模式，低压输出电源模块用于补偿总电流与限流模块之间的差值：如果总电流为 2.3A，采用 3 个电源模块并联，两个

电源模块工作于限流模式即输出电流 1A；第 3 个电源模块用于控制输出电压，其输出电流为 2.3A－2A＝0.3A。

图 3.37 和图 3.38 分别为输出电压 20V、输出电流 1.5A 时双电源模块并联电路仿真原理图和输出电流波形。模块 1 设置输出电压为 20V，模块 2 设置输出电压为 25V，所以实际输出电压为 20V。此时模块 2 工作于限流模式，输出电流为 1A；模块 1 工作于恒压模式，输出电流为 1.5A－1A＝0.5A，与图 3.38 输出电流波形完全一致，双模块并联功能正常。接下来测试输出电流变化时电源模块工作特性。

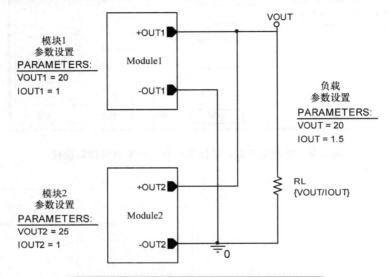

图 3.37    输出 20V/1.5A 并联电路仿真原理图

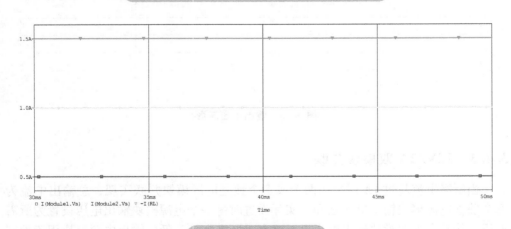

图 3.38    输出电流波形

图 3.39 和图 3.40 分别为双模块并联、输出电压 20V、输出电流为 1.1～1.9A时的直流仿真设置与每个电源模块以及并联输出电流波形——输出电压恒定 20V、模

块 2 输出电流恒为 1A、模块 1 输出电流为设置值与模块 2 电流之差；当 N 个电源模块并联工作时，输出电流 I 必须满足如下条件：$N-1 < I \leq N$，否则模块之间电流出现倒灌现象，输出异常。

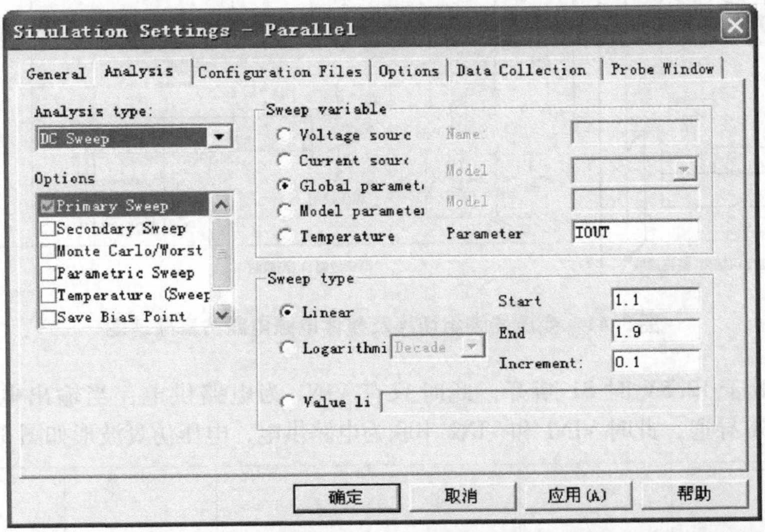

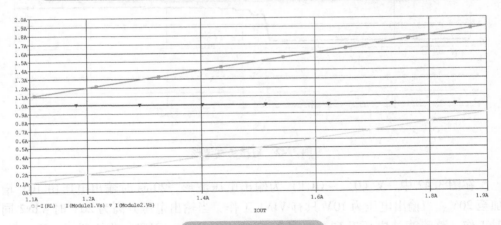

图 3.39　双模块并联、输出电压 20V、输出电流 1.1~1.9A 时的直流仿真设置

图 3.40　输出电流波形

## 3.4.4　变压器绕组切换

本电源为线性控制方式，当输出电压为 1V 和 25V 时，电源总体效率相差巨大，通过切换输入变压器副边绕组可大大提高电源效率，整体电路如图 3.41 所示。

变压器绕组切换及整体电源电路仿真原理图如图 3.41 所示，VIN1 和 VIN2 分别为变压器两组二次绕组，通过开关 S1 和整流滤波电路为串联调整电路供电。当输

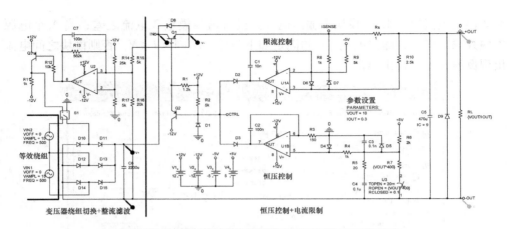

**图 3.41　变压器绕组切换及整体电源电路仿真原理图**

出电压略低于 12.5V 时 S1 断开，此时只有 VIN1 为电路供电；当输出电压略高于 12.5V 时 S1 导通，此时 VIN1 和 VIN2 串联为电路供电，电压仿真波形如图 3.42 所示。

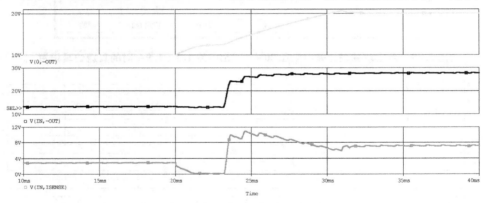

**图 3.42　电压仿真波形**

　　在图 3.42 中，V（0，–OUT）为输出电压波形，20ms 时输出电压由 10V 增加至 20V。当输出电压为 10V 只有 VIN1 工作，当输出电压升高为 20V 时 VIN2 同时工作，整流滤波电压升高，如图 3.42 中 V（IN，–OUT）曲线所示，V（IN，ISENSE）为功率晶体管 Q1 的 CE 两端电压波形，输出 10V 时约为 3V、输出 20V 时约为 7V，低压输出时电源整体效率大大提高。

## 3.4.5　整机性能测试

　　实际测试结果如下：

　　负载效应：输出电流从满载到空载变化时输出电压变化量小于 0.01% × VOUT +2mV；

源效应：对于额定值以内的任意线电压变化，输出电压变化量小于 $0.01\% \times$ VOUT + 2mV；

波纹和噪声：共模电压有效值值小于 0.35mV、峰峰值（20Hz ~ 20MHz）小于 1.5mV；

共模电流（CMI）：输出有效值均小于 $1\mu A$（20Hz ~ 20kHz）；

工作温度范围：最大额定输出时工作温度为 0 ~ 40℃，较高温度下输出电流将线性减小，最高温度 55℃ 时电流减小至额定值的 50%；

温度系数：30min 预热之后，在 0 ~ 40℃ 工作范围内温度每变化 1℃ 输出电压变化量小于 $0.02\% \times$ VOUT + 1mV；

稳定性（输出漂移）：30min 预热之后，当输入电源、负载和环境温度恒定时，输出电压 8h 漂移小于 $0.1\% \times$ VOUT + 5mV；

负载瞬态响应时间：从满载变为半载或从半载变为满载时输出电压恢复至 VOUT ± 15mV 以内时间小于 $50\mu s$；

输出电压过冲：接通或关闭交流电源时，如果电压设置为小于 1V，则输出与过冲之和不超过 1V；如果电压设置为 1V 或者更高，输出将无过冲。

## 3.5　100mV/1μV 精密毫伏源分析与设计

### 3.5.1　双调节反馈设计

具体要求：输出电压范围优于 - 10.000 ~ 100.000mV、最大输出电流 20mA、分辨率 $1\mu V$、24h 稳定性优于 $10\mu V$。

指标分析：满量程为 100.000mV + 10.000mV = 110.000mV、分辨率为 $1\mu V$，如果由 D/A 实现需要 17 位，另外运算过程中将会损失 1 ~ 2 位，所以至少需要 19 位 D/A，本设计采用双调节纯模拟方法实现。

设计思路：采用运放跟随和反相放大相结合的方式，输出电压调节由粗调和细调电位器 $R_{V2}$ 和 $R_{V1}$ 完成，以此方式设计的精密毫伏源电路仿真原理图如图 3.43 所示。当 $V_s$ 节点电压固定不变时，输出电压近似跟随 $V_b$ 节点电压变化，所以电位器 $R_{V2}$ 完成输出粗调功能；当 $V_b$ 节点电压固定不变时，$V_s$ 节点电压的变化值衰减为其 $\frac{1}{100}$ 后叠加到输出电压，所以电位器 $R_{V1}$ 完成细调功能。$V_s$ 和 $V_b$ 节点分别与电位器 $R_{V1}$ 和 $R_{V2}$ 的中间抽头相连接；晶体管 Q1 实现功率输出级电流放大，以保证输出电流较大时输出电压稳定；电阻 $R_9$ 为电路提供偏置电流，输出空载时晶体管 CE 电流近似为 1mA，使得电路工作于正常状态。

当 $V_s = 0$ 时输出电压 $V_{out} = V_b \times \dfrac{R_4 + R_5}{R_4} = 1.01 V_b$、$V_b = V_{ref} \times \dfrac{R_{V2}}{R_3 + R_{V2}}$；

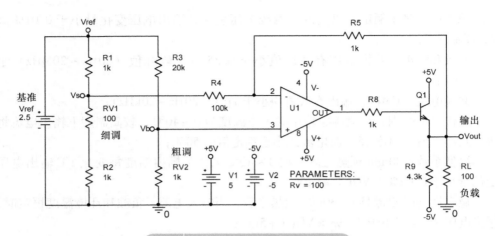

**图 3.43    精密毫伏源电路仿真原理图**

当 $V_b = 0$ 时输出电压 $V_{out} = -V_s \times \dfrac{R_5}{R_4} = 0.01V_s$、$V_s = V_{ref} \times \dfrac{R_{V1} + R_2}{R_1 + R_2 + R_{V1}}$；

根据叠加定理可得 $V_{out} = 1.01V_b - 0.01V_s$，所以 $R_{V2}$ 实现粗调、$R_{V1}$ 实现细调，并且当 $V_b = 0$ 时实现负压输出。

由于电阻 $R_1$、$R_2$ 和 $R_{V1}$ 的存在使得上述理论计算值与实际输出电压产生约 1% 的误差，但是通过实际调节能够使得输出电压与设定值一致。

当设定输出电压范围在 $-10.000 \sim 100.000\text{mV}$ 时，根据图 3.43 中电阻参数求得 $V_b$ 的最大值为 $V_{bmax} = V_{ref} \times \dfrac{R_{V2}}{R_{V3} + R_3} = 2.5\text{V} \times \dfrac{1\text{k}}{1\text{k} + 20\text{k}} \approx 120\text{mV}$。选用 20 圈电位器时每圈对应输出电压变化量为 6mV，即旋转 60° 对应 1mV。$V_s$ 对应细调，由 $R_1$、$R_2$ 和 $R_{V1}$ 参数求得 $V_{ref} \times \dfrac{R_2}{R_1 + R_2} \leqslant V_s \leqslant V_{ref} \times \dfrac{R_2 + R_{V1}}{R_1 + R_2 + R_{V1}}$，即 $1.25 \leqslant V_s \leqslant 1.31$，变化量为 60mV，从而对应输出电压产生的影响为 $0.01V_s = 0.6\text{mV} = 600\mu\text{V}$；同样选用 20 圈电位器，每圈对应输出电压变化量为 30μV，即旋转 12° 对应 1μV。

表 3.3 为精密毫伏源的 PSpice 仿真电路元器件列表，对电路中每个元器件的具体功能均进行了详细说明。读者搭建仿真电路时一定要按照每个元器件所属库及其名称进行选择，因为不同型号元器件的模型不同，其特性也有很大差别，从而使得仿真结果与实际测试出现差别。

**表 3.3    精密毫伏源仿真电路元器件列表**

| 编　号 | 名　称 | 型　号 | 参　数 | 库 | 功 能 注 释 |
|---|---|---|---|---|---|
| R1 | 电阻 | RESISTOR | 1k | PSPICE_ELEM | 分压 |
| R2 | 电阻 | RESISTOR | 2k | PSPICE_ELEM | 分压 |
| R3 | 电阻 | RESISTOR | 20k | PSPICE_ELEM | 分压 |

（续）

| 编　号 | 名　称 | 型　号 | 参　数 | 库 | 功能注释 |
|---|---|---|---|---|---|
| R4 | 电阻 | RESISTOR | 100k | PSPICE_ELEM | 反相放大 |
| R5 | 电阻 | RESISTOR | 1k | PSPICE_ELEM | 反相放大 |
| R8 | 电阻 | RESISTOR | 1k | PSPICE_ELEM | 驱动 |
| R9 | 电阻 | RESISTOR | 4.3k | PSPICE_ELEM | 偏置电流 |
| RL | 电阻 | RESISTOR | 100 | PSPICE_ELEM | 等效负载 |
| RV1 | 电阻 | RESISTOR | 100 | PSPICE_ELEM | 细调 |
| RV2 | 电阻 | RESISTOR | 1k | PSPICE_ELEM | 粗调 |
| Q1 | 晶体管 | Q2N5551 | | BIPOLAR | 电流放大 |
| U1 | 运放 | LTC1151/LT | | LIN_TECH | 放大 |
| V1 | 直流电压源 | VDC | 5 | SOURCE | 正供电 |
| V2 | 直流电压源 | VDC | -5 | SOURCE | 负供电 |
| Vref | 直流电压源 | VDC | 2.5 | SOURCE | 基准源 |
| 0 | 地 | 0 | | SOURCE | 绝对零 |

## 3.5.2　精密毫伏源输出电压范围仿真测试

接下来按照图 3.43 所示电路进行输出电压范围、粗调和细调仿真测试。

输出范围即粗调测试电路仿真原理图及其仿真设置分别如图 3.44 和图 3.45 所示，首先将电位器 $R_{V2}$ 的阻值设置为参数，通过参数扫描测试输出电压范围。

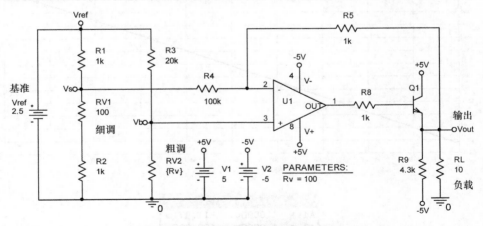

图 3.44　粗调测试电路仿真原理图

粗调电路输出电压仿真波形及测试数据如图 3.46 所示，当电位器 $R_{V2}$ 阻值为 0Ω 时，输出电压最小值为 -11.471mV；当电位器 $R_{V2}$ 阻值为 1kΩ 时，输出电压最

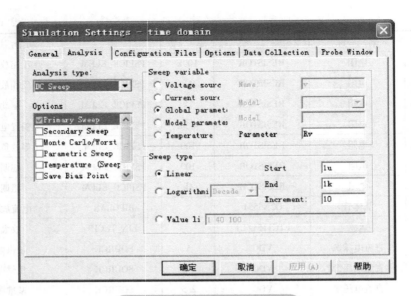

**图3.45　粗调测试电路仿真设置**

大值为 107.205mV，满足设计要求。输出电压最大值仿真与计算误差主要由 $V_s$ 直流电位引起，反相放大使得输出电压降低 $\dfrac{2.5}{2}\text{V} \times \dfrac{1\text{k}\Omega}{100\text{k}\Omega} = 12.5\text{mV}$，107.205mV + 12.5mV ≈ 120mV，仿真与计算一致。

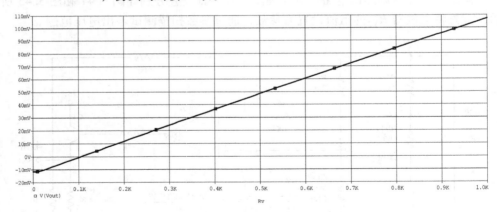

**图3.46　粗调电路输出电压仿真波形和测试数据**

细调测试电路仿真原理图及其仿真设置分别如图 3.47 和图 3.48 所示, 将电位器 $R_{V1}$ 的阻值设置为参数, 通过参数扫描测试输出电压调节分辨率。

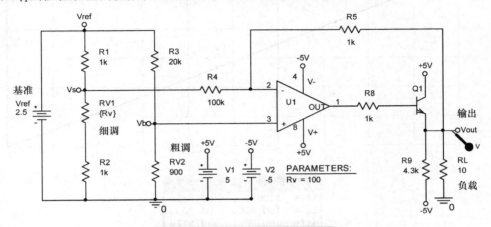

图 3.47 细调测试电路仿真原理图

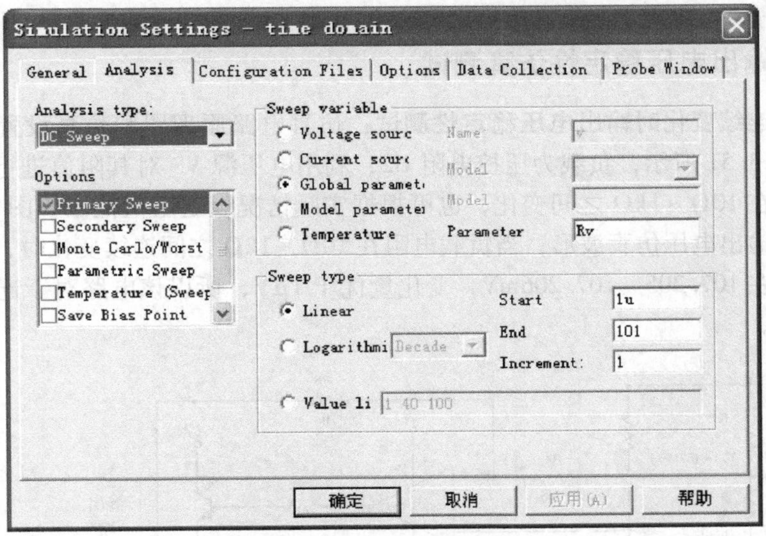

图 3.48 细调测试电路仿真设置

细调电路输出电压仿真波形和测试数据如图 3.49 所示: 当电位器 $R_{V1}$ 阻值为 $0\Omega$ 时, 输出电压最大值为 96.289mV; 当电位器 $R_{V1}$ 阻值为 $100\Omega$ 时, 输出电压最小值为 95.700mV, 变化幅度 589.572μV, 与计算值 600μV 基本一致, 满足细调设计要求。

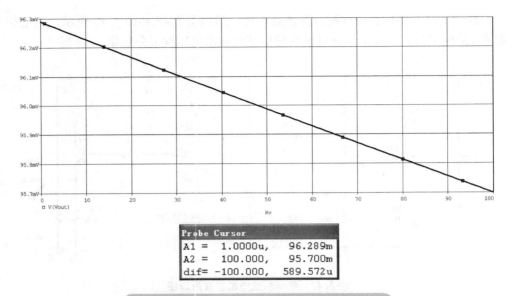

图 3.49　细调电路输出电压仿真波形和测试数据

### 3.5.3　输出电压稳定性仿真测试

**负载连续变化时输出电压稳定性测试：**仿真电路原理图和仿真设置分别如图 3.50 和图 3.51 所示，负载为压控电阻 U2，利用电压源 V3 对其阻值进行控制，使其电阻值在 $10\Omega \sim 1k\Omega$ 之间变化，也可根据实际情况设定阻值范围。图 3.52 为负载变化时输出电压仿真波形，当负载电阻在 $10\Omega \sim 1k\Omega$ 之间连续变化时，输出电压始终保持在 107.205 ~ 107.206mV，变化量优于 $1\mu V$，所以该电路对于连续负载稳定性良好。

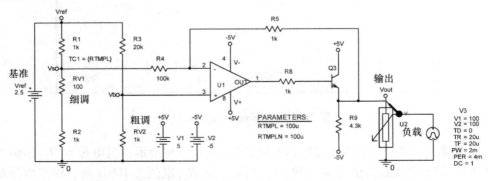

图 3.50　负载连续变化时输出电压稳定性测试电路仿真原理图

**负载脉动变化时输出电压稳定性测试：**仿真电路原理图和仿真设置分别如图 3.50 和图 3.53 所示，负载为压控电阻 U2，利用电压源 V3 对其阻值进行控制，使

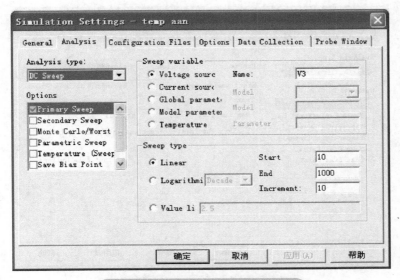

图 3.51　负载连续变化时的仿真设置

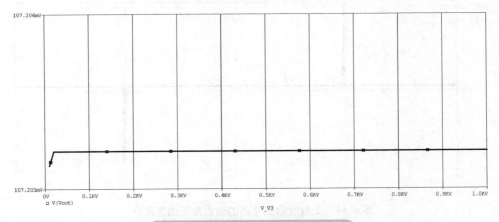

图 3.52　负载变化时的输出电压波形

其电阻值在 50Ω 和 100Ω 之间脉动变化。图 3.54 为负载脉动变化时输出电压仿真波形：当负载电阻由 50Ω 变为 100Ω 时输出电压瞬间增大约 100μV，然后恢复到正常值；当负载电阻由 100Ω 变为 50Ω 时输出电压瞬间降低约 100μV，然后恢复到正常值。恢复时间与负载电阻转换时间基本一致。

　　**温度变化时输出电压稳定性测试**：测试电路仿真原理图如图 3.55 所示，当电阻温度系数均为 100ppm 时，即温度每变化 1℃ 电阻值变化万分之一，此时将温度系数值设置为 RTMPL = 100μ。初始环境温度设定为30℃，当环境温度从 0℃ 变化至60℃时测试输出电压特性，其初始温度与温度分析仿真设置与温度变化时的输出电压波形分别如图 3.56、图 3.57 和图 3.58 所示，由图可得输出电压非常稳定，变化优于 1μV。

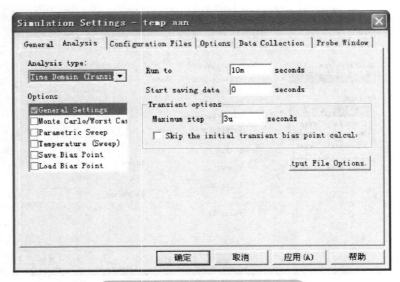

图 3.53　负载脉动变化时的仿真设置

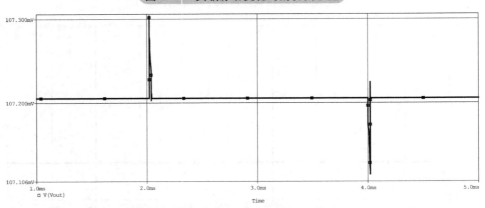

图 3.54　负载脉动变化时的输出电压仿真波形

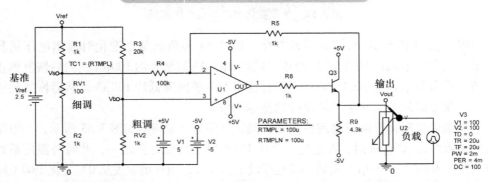

图 3.55　温度变化、电阻温度系数相同时的输出电压稳定性测试电路仿真原理图

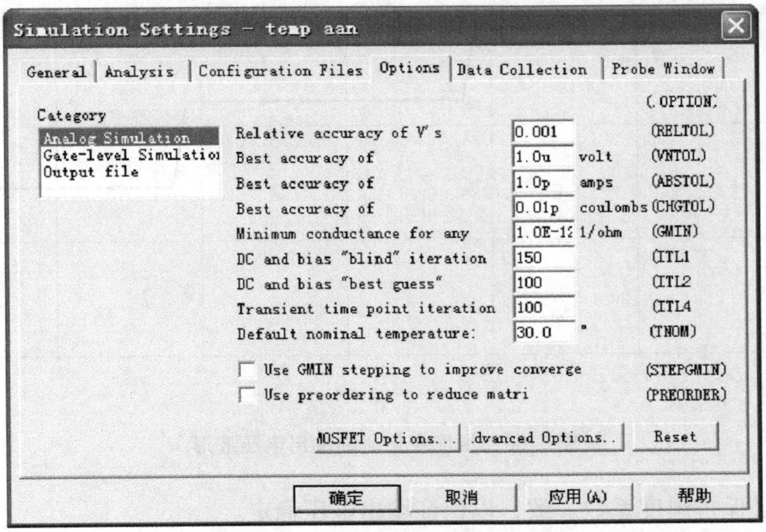

图 3.56   初始温度仿真设置：TNOM = 30.0

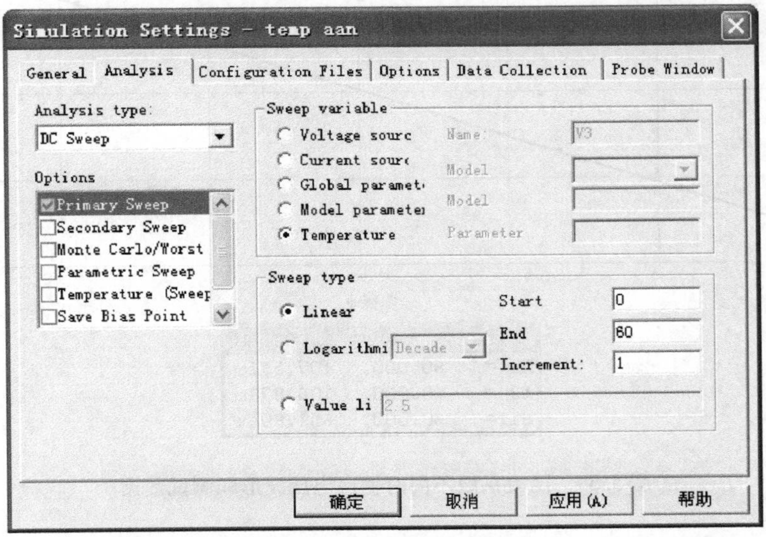

图 3.57   温度分析仿真设置

当 R2 和 RV2 的温度系数设置为 RTMPLN = 200μ，其余电阻温度系数均设置为 RTMPL = 100μ 时，对电路进行温度分析，温度系数不同时输出电压波形和测试数据如图 3.59 所示，输出电压随温度升高，当环境温度为 0℃ 时输出电压为 106.878mV，温度为60℃时输出电压为 107.531mV，变化量为 652.9μV，所以选择

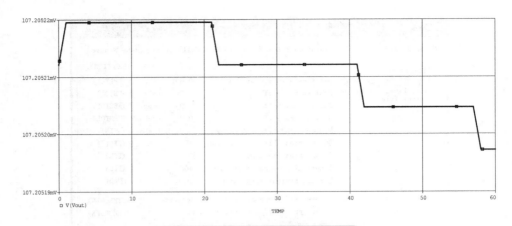

图 3.58    温度变化时的输出电压波形

电阻时务必保持温度系数一致，以保证输出电压稳定。

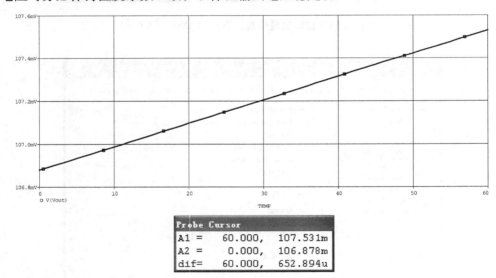

图 3.59    温度系数不同时输出电压波形和测试数据

### 3.5.4    输出电压高级分析

**灵敏度分析**：分析电路中每个元器件参数变化时对测量值的影响。灵敏度分析电路仿真原理图和分析结果如图 3.60 和图 3.61 所示。图 3.60 中通过变量 Tolerances 设置每种元器件容差，用于计算测量值的变化范围。图 3.61 为相对灵敏度分析结果，当电阻容差为 1% 时输出电压 V（Vout）的最大值为 109.8715mV，最小值为 104.5703mV；电阻 R3 和 RV2 对输出电压最敏感，所以将电位器 RV2 设置为粗调，并且 R3 选用高精度、高稳定性、低温漂电阻，以达到输出电压稳定；R8、R9 和 RL 几乎对电路灵敏度无影响；RV1 对电路灵敏度很弱，所以将其设置为细调以微量改变输出电压，从而达到 1μV 的调节分辨率。

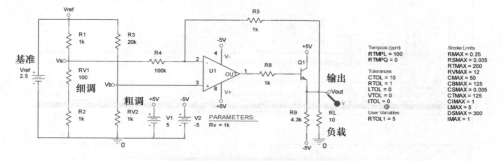

图 3.60　灵敏度分析电路仿真原理图

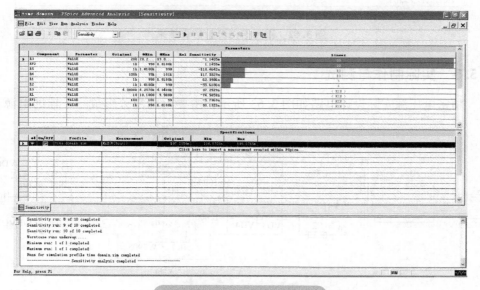

图 3.61　相对灵敏度分析结果

　　**蒙特卡洛分析**：当电路中所有元器件参数均在容差范围内变化时，输出指标的相应变化范围，非常适用于大批量生产。本设计中电阻容差均为 1%，运行 40 次的仿真结果如图 3.62 所示，输出电压范围如下：最小值为 105.225mV，最大值为 108.934mV；主要分布在 106.7147 ～ 107.2671mV，概率为 32.5%。读者可将电阻容差设置为 2% 再对电路重新进行蒙特卡洛分析，测试其输出电压范围及其分布。另外运行次数不同分布也有所不同，但是总体趋势基本一致，读者可将运行次数修改为 100、200、1000 等，以测试输出电压分布规律，但是如此仿真分析将会产生大量数据，所以存放 .dat 文件的硬盘容量一定要足够大。

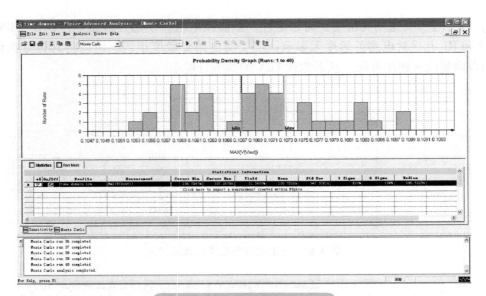

图 3.62　蒙特卡洛分析仿真结果

## 3.5.5　实际制作与测试

精密电压源实际设计电路如图 3.63 所示，主要由两部分组成——辅助电源和

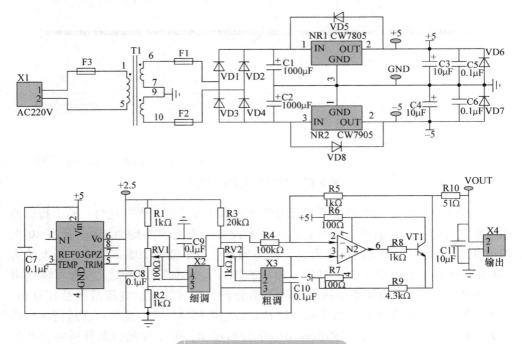

图 3.63　精密电压源电路图

主电路。辅助电源：由降压变压器 T1、整流滤波电路和三端稳压器构成。变压器 T1 将市电 AC 220V 降压为双路 AC 7.5V，然后通过二极管全桥整流电路和电容进行初级稳压，最后由三端稳压器 7805 和 7905 输出 ±5V 直流电压。本电源为线性控制方式，以便更大程度的降低纹波，使得主电路工作更加稳定。主电路：由基准源、运放电路、电流放大及保护电路组成；N1 基准源采用 REF03 集成电路，输出 2.5V 标准电压，能够满足通用设计指标要求，如果精度和稳定度要求更高，可采用 LM399 恒温基准；运放 N2 采用低温漂精密运放，实现同相跟随和反相放大功能；为提高负载能力，利用晶体管进行输出，然后由电阻和电容对输出电压进行滤波；电阻 R6 和 R7 完成过电流和短路保护功能，将电路最大消耗电流限制在 50mA 以内，以保护运放 N2 和晶体管 VT1 不受损坏，当输出端与负载断开时由电阻 R9 提供约 1mA 模拟负载，使得 VT1 保持最佳工作状态。

　　精密电压源电路 PCB 如图 3.64 所示，元器件布局时尽量将辅助电源与主电路分开；辅助电源由 AC 220V 供电，必须注意元器件以及走线的安全距离，主电路务必将运放及其反馈电阻按照时间连续性原则进行合理布局，以减少信号之间干扰。

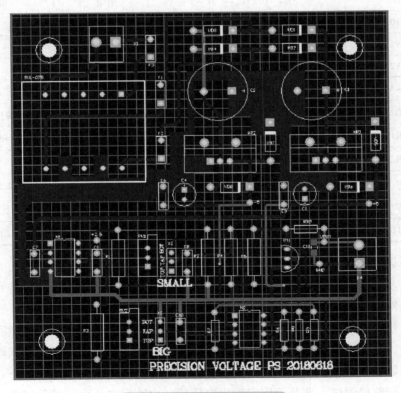

**图 3.64　精密电压源电路 PCB**

精密电压源主要元器件具体型号、数量以及相应功能见表3.4，其中运放、基准源和精密电阻为重点，为保证输出电压长时间稳定，特选择低温漂精密电阻，其温度系数100ppm、精度千分之一。

表3.4　精密电压源主要元器件列表

| 代　　号 | 型　　号 | 名　　称 | 数　量 | 功　　能 |
|---|---|---|---|---|
| C1 ~ C2 | CD110 – 35V – 1000μF | 电容 | 2 | 滤波 |
| C3、C4、C11 | CD110 – 100V – 10μF | 电容 | 3 | 滤波 |
| C5 ~ C10 | C318 – 63V – 0.1uF – 5% | 电容 | 6 | 滤波 |
| R1、R2、R5 | RII – 8 – 0.25W – 1k – B – M | 电阻 | 3 | 调压、反馈 |
| R3 | RII – 8 – 0.25W – 20k – B – M | 电阻 | 1 | 调压 |
| R4 | RII – 8 – 0.25W – 100k – B – M | 电阻 | 1 | 反馈 |
| R6、R7 | RJ24 – 0.25W – 100 – 5% | 电阻 | 2 | 过电流保护 |
| R8 | RJ24 – 0.25W – 1k – 5% | 电阻 | 1 | 驱动 |
| R9 | RJ24 – 0.25W – 4.3k – 5% | 电阻 | 1 | 偏置电流 |
| R10 | RJ24 – 0.25W – 51 – 5% | 电阻 | 1 | 滤波 |
| RV1 | PD2210 – 100/ZP20 | 电位器 | 1 | 细调 |
| RV2 | PD2210 – 1k/ZP20 | 电位器 | 1 | 粗调 |
| VD1 ~ VD8 | 1N4002 | 二极管 | 8 | 整流 |
| T1 | S1L – 07B | 变压器 | 1 | 降压变压器 |
| NR1 | CW7805 | 稳压器 | 1 | +5V 稳压 |
| NR2 | CW7905 | 稳压器 | 1 | –5V 稳压 |
| N1 | REF03GPZ | 基准源 | 1 | 2.5V 基准 |
| N2 | LTC1151 | 运放 | 1 | 反馈控制 |
| VT1 | 2N5551 | 晶体管 | 1 | 功率输出 |

**实际调试与测试：**

第1步检验：全部电路焊接完成之后对照元器件列表和电路图将焊接元器件进行逐一校对，主要包括器件型号和安装方向；

第2步分步测试：首先将芯片N1、N2去掉，测试辅助电源±5V；然后安装基准源N1，测试2.5V基准电压；最后安装运放N2、调节RV1和RV2测试输出电压范围与灵敏度；

第3步整机测试：调节至固定输出电压后，由数字电压表测试稳定性，具体数据见表3.5，24h电压变化量小于5μV。

**表 3.5　精密电压源测试数据**

| 时　　间 | 输出/mV | 时　　间 | 输出/mV |
|---|---|---|---|
| 11.20 | 100.001 | 14.10 | 9.994 |
| 11.25 | 100.004 | 14.20 | 9.994 |
| 11.30 | 100.005 | 14.20 | 20.000 |
| 11.40 | 100.005 | 14.25 | 19.997 |
| 11.50 | 100.005 | 14.30 | 19.996 |
| 13.15 | 100.005 | 14.35 | 19.996 |
| 13.15 | 0.000 | 14.40 | 19.996 |
| 13.25 | 0.000 | 14.40 | 40.000 |
| 13.30 | 0.000 | 14.45 | 39.998 |
| 13.30 | −10.000 | 14.50 | 39.998 |
| 13.40 | −10.003 | 15.25 | 39.994 |
| 13.40 | 10.000 | 15.30 | 50.000 |
| 13.45 | 9.997 | 15.40 | 50.000 |
| 13.50 | 9.996 | 15.50 | 49.999 |
| 13.55 | 9.995 | 24h | 99.992 |
| 14.00 | 9.994 | 漂移 | 99.988 |

## 3.5.6　输出扩流

晶体管为电流控制电流源，当输出电流增大时，基极驱动电流也随之增大，所以运放输出电流同时增加，使得电路稳定性降低。MOSFET 为电压控制电流源，当电流增大时只需提高栅极电压而无需提供驱动电流，所以输出电压将更加稳定。改进之后的电路仿真原理图如图 3.65 所示，输出最大电流为 1A，晶体管由 MOSFET 代替，接下来改变负载电阻 $R_L$ 对其输出特性进行仿真测试。

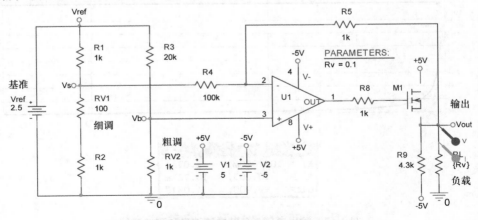

**图 3.65　1A 扩流电路仿真原理图**

负载特性仿真设置如图 3.66 所示，对电路进行直流仿真分析，输出电压约为 100mV，负载电阻 $R_L$ 阻值从 0.1Ω 按照步长 0.1Ω 连续变化至 10Ω，即输出电流从 1A 连续变化至 10mA 时对电路进行仿真测试。

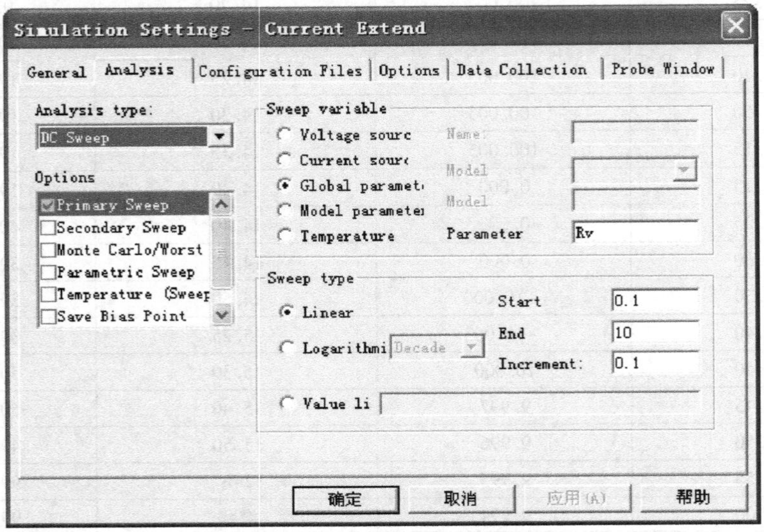

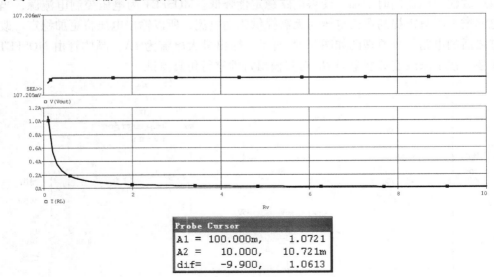

图 3.66　负载特性仿真设置

输出电压与负载电流波形和测试数据如图 3.67 所示，当负载电流从 1.072A 减小到 10.72mA 时输出电压保持 107.205mV 恒定。

| Probe Cursor | | |
|---|---|---|
| A1 = | 100.000m, | 1.0721 |
| A2 = | 10.000, | 10.721m |
| dif= | -9.900, | 1.0613 |

图 3.67　输出电压与负载电流波形和测试数据

希望读者按照 3.5.5 节步骤对 1A 扩流电路进行实际测试——纸上得来终觉浅，绝知此事要躬行！此时变压器、整流二极管、滤波电容均需要重新选择，变压器容量等级为 10VA、双路 7.5V 输出，型号为 SL10 – 07B；整流二极管电流为 3A，型号为 1N5401；滤波电容选择 2200μF/25V；TO220 封装的三端稳压器 7805 最大电流为 1A，本设计采用两支并联方式的 MOSFET 供电，并且在 7805 输出端串联 1Ω 的功率电阻实现均流。

## 3.6 倍压驱动线性电源模块分析与设计

对于包括音频电路在内的许多应用场合，实验室用线性电源模块（PSU）的性能大大优于开关电源——尤其在电气噪声方面。本节所讲 PSU 不仅易于电压和电流调节而且稳定性优良，既可并联又可串联，故障发生时能够快速保护与其所连接的负载电路。

### 3.6.1 线性电源模块性能指标

本电源采用线性控制方式，由变压器和功率调整电路构成。输出电压 0 ~ 15V 连续可调，最大电流 1A，为保护功率管不受损害，输出电压降低时最大输出电流也随之减小。两个相同电源模块可以工作于跟踪模式输出 ±15V，或者以串联方式输出 30V，具体性能见表 3.6。

表 3.6 15V/1A 线性电源详细指标

| 性　　能 | 参　　数 |
|---|---|
| 输出电压范围 | 0 ~ 15V |
| 恒压状态时输出电压纹波 | < 100μV（rms） |
| 输出电流 | 50μA ~ 1A，输出电压越高输出电流越大 |
| 恒流状态时输出电压纹波 | 峰峰值 < 8mV |
| 输出阻抗 | 50mΩ |
| 恢复时间 | 10μs（额定电流从 50% ~ 100% 变化） |
| 输出电压变化 | 输入市电每变化 ±10% 时输出电压变化 1mV |

### 3.6.2 线性电源模块工作原理分析

电源可工作于恒压（CV）模式和恒流（CC）模式，但是输出满载时恒压模式比恒流模式具有更低的噪声而且性能更加优良。恒流（CC）工作模式主要用作保护，当故障发生时保护电源和被测负载设备。双电源模块可以独立调节，也可工作于主从模式；双模块并联时输出电流增大一倍，串联时可提供跟踪状态的正负电压。

线性电源模块简化电路仿真原理图如图 3.68 所示，Vin—0V 为输入供电电源，Vref—GND 为参考基准电源，Vout—GND 为稳压电源输出端；运放 U1 实现恒压（CV）环路控制，运放 U2 实现恒流（CC）环路控制。当电位器 $R_v$ 调节端置于

GND 时，输出电压由 $R_f$ 和 $R_i$ 的比值，以及 U1 正输入端电压决定；当电位器 $R_v$ 调节端置于顶端即与 Vref 参考电压相连接时，如果 $R_i/R_f = R_a/R_b$ 则输出电压为零，通过调整两者比值设定输出电压最大值与最小值。电源工作于恒压（CV）模式时恒流（CC）回路不起作用，因为电流采样电阻 $R_s$ 两端压降与 U2 反相输入端电压相比较小。图 3.68 仅为电路仿真原理图，实际正常工作时运算 U2 必须为 n - p - n 集电极开路输出，另外稳压电源输出端必须具有虚拟负载，以便低压输出时晶体管正常工作。

　　由于带有集电极开路输出的运算放大器通常不可直接使用，所以具体设计时非常困难。虽然比较器能够实现上述功能，但是不能使电路工作于线性区，即输出电压或者输出电流线性调节。另外图 3.68 中运算放大器必须能够将晶体管的基极电位拉至电源输出负端，同时吸收恒流源 I1 的电流。能够实现上述功能的运算放大器通常最大电压承受能力有限，所以此情况下图 3.68 中运放 U1 和 U2 采用分立器件实现，以便更大程度地提高设计灵活性。

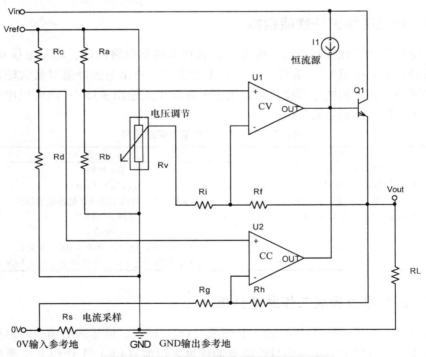

**图 3.68　线性电源模块简化电路仿真原理图**

### 3.6.3　0～15V/1A 电源模块设计

　　0～15V/1A 电源模块实际设计电路仿真原理图如图 3.69 所示，由主电源和辅助电源、基准源电路、恒压（CV）控制、恒流（CC）控制和功率输出构成，其中控制回路由分立器件 NPN 型和 PNP 型晶体管实现，接下来对电路每个功能单元进行详细分析。

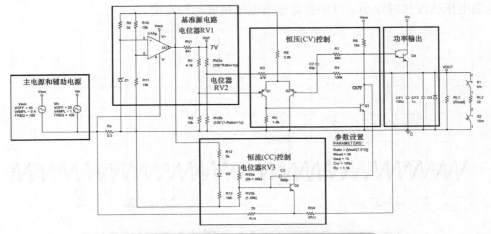

图 3.69　0～15V/1A 电源模块电路仿真原理图

**主电源与辅助电源设计**：主电源与辅助电源由工频降压变压器、全桥整流、倍压整流以及滤波电容组成，具体电路仿真原理图如图 3.70 所示。T1 为降压变压器，当输出电压最大值为 15V 时，变压器变比 $RATIO = \dfrac{15V \times 1.1}{220V} = 0.075$，其中系数 1.1 为输入市电 AC 220V 降低 10% 后的补偿系数；二极管 D1～D4 构成全桥整流，结合滤波电容 C3 为后级提供主电源 Vin，实际测试时选择 1N540X 系列 3A 整流二极管；本电源最大输出电流为 1A，所以电容 C3 按照 2000μF/1A 原则进行选取，实际取值为 2200μF；二极管 D5、D6 和电容 C1、C2 构成倍压整流电路，为输出驱动电路提供辅助电源 Vaux，虽然电流很小，但是电压纹波要求很高，所以选择大容量滤波电容。

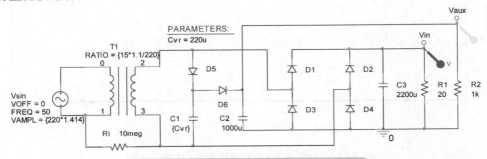

图 3.70　主电源与辅助电源电路仿真原理图

对主电源与辅助电源进行输出电压与纹波测试，输出波形与具体数据如图 3.71 所示。稳态时主电源最大值 21.67V，最小值 18.21V，纹波峰峰值 3.46V；稳态时辅助电源最大值 40.70V，最小值 40.02V，纹波峰峰值 0.68V。输出最大电压为 15V 时，主电源最小值 18.21V，足够满足功率输出级电压裕度要求，而且辅助电源电压纹波相对较小，以便提高输出电压精度与稳定度。

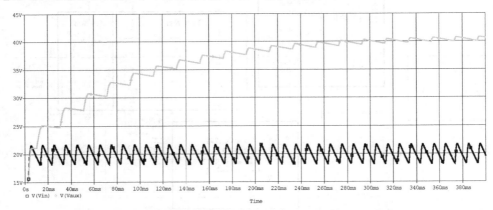

**图 3.71　整流输出电压波形与测试数据**

　　**基准源设计：**基准源电路主要由运放 U1A、稳压二极管 Z1、电位器 RV1 以及辅助电阻构成，正常工作时基准电压值约为 7V，如果需要更高精度与稳定度的基准源，可以采用集成稳压模块和精密电阻进行组合。图 3.72 为基准源 $V_{ref}$ 电压波形，电压值在 7.09~7.10V 之间，电源的输出电压范围在实际调试时可以通过调节电位器 RV1 改变基准源电压值，从而改变输出电压范围。

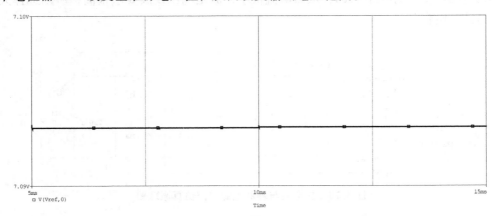

**图 3.72　基准源 Vref 电压波形**

基准源为恒压（CV）和恒流（CC）回路提供参考电压，并且为差分电路 Q1 和 Q2 提供稳定的恒定电流，使其工作区更加恒定，从而提高输出电压长期稳定性。

**恒压（CV）工作**：Q1、Q2 和 Q3 构成运放电路，Q1 的基极相当于运放正输入端，Q2 的基极相当于运放负输入端，Q3 的集电极相当于运放输出端。运放工作于线性放大区时其正负输入端电压相等，所以电源恒压工作时通过 Q3 驱动达林顿晶体管 Q4 基极，从而使得电源能够最大输出 15V/1A；因为 Q4 工作于线性区，当输出电压比较低时功耗很大，所以需要装配足够的散热片。电容 CF1 和 CF2 实现输出滤波并且为环路增益下降处提供低输出阻抗。C2 和 R7 为 CV 环路提供必要的环路增益补偿，以使其更加稳定。R1、R2 和 R3、R4 分别提供基准电压与反馈电压，优选精度 1% 的金属膜电阻。

电源工作于恒压模式时 Q5 保持断开；RV4 和 R14 为等效模拟负载，使得电源空载时输出电压稳定以及关闭电源时对滤波电容储能进行放电；调节电位器 RV1 确定最大输出电压；调节电位器 RV2 改变输出电压值。

**输出电压瞬态测试**：瞬态仿真设置和输出电压与负载电流波形分别如图 3.73 和图 3.74 所示；5ms 时输出电流由 0.5A 增大至 1A，输出电压由 15.02V 降至 15.01V，调节时间约 60μs；10ms 时输出电流由 1A 减为 0.5A，输出电压由 15.01V 增加到 15.02V，调节时间约 110μs。

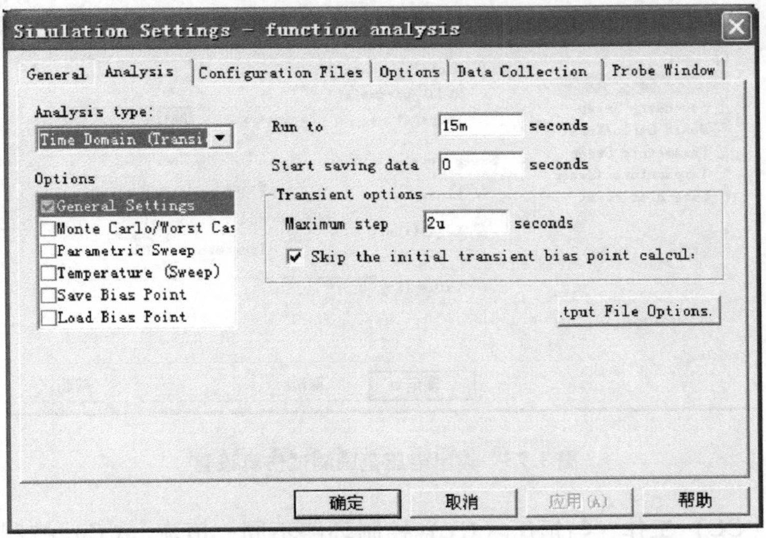

**图 3.73　瞬态仿真设置**

**输出电压范围测试**：仿真设置和输出电压波形分别如图 3.75 和图 3.76 所示，通过调节电位器 $R_{V2}$（$R_{V2a}$ 和 $R_{V2b}$）改变输出电压，调节至最上端即 $R_{ATIO}=0$ 时输

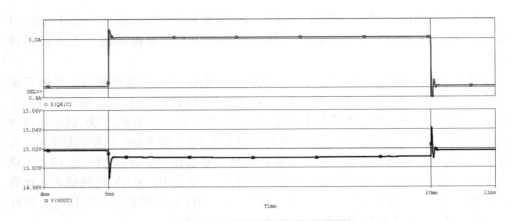

**图 3.74　输出电压与负载电流波形**

出电压为零，调节至最下端即 $R_{\text{ATIO}} = 1$ 时输出电压为满量程 15V；$R_{\text{ATIO}}$ 与输出电压并非线性对应，低压时线性度良好，当 $R_{\text{ATION}} > 0.4$ 时近似呈抛物线形态，主要由于晶体管基极电流和电位器 RV2 影响。

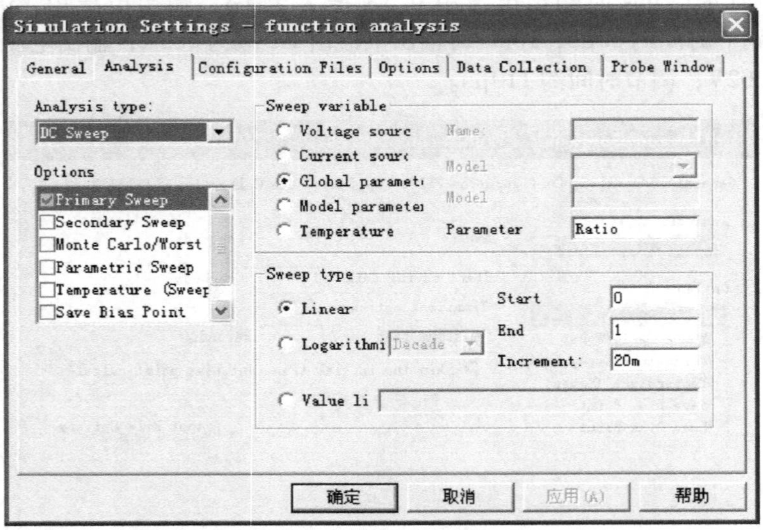

**图 3.75　输出电压范围测试仿真设置**

**恒流（CC）工作：** 与恒压（CV）控制环路不同，恒流（CC）控制环路增益非常低，导致短路输出时电流比满量程 15V 输出电压下的最大电流大很多。通过合理采用输出正反馈，避免上述情况发生，以确保电路不受损坏。

恒流（CC）控制电路与采样电阻 $R_\text{s}$ 实现电源恒流工作，使得输出电流为恒定值。电位器 $R_{\text{V4}}$ 与 Q5 的发射极相连接，使得输出电流最大值产生"折返"效应，

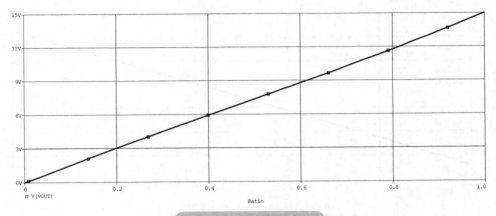

图 3.76　输出电压波形

即低压输出小电流、高压输出大电流；电位器 $R_{V3}$ 调节满量程时对应最大输出电流，通过电位器 $R_{V4}$ 确定低压输出时的限流值，实际测试时首先调节 $R_{V3}$，然后再调节 $R_{V4}$。

**恒流测试**：负载电阻直流仿真设置，以及输出电压与负载最大电流波形分别如图 3.77 和图 3.78 所示。负载电阻从 $1m\Omega$ 增大至 $16\Omega$ 的过程中，输出电压由 0V 增大至 15V，输出电流由 0.55A 增大至 1.12A；随着输出电压降低，最大输出电流也随之减小，实现输出电流最大值"折返"功能，有效保护输出功率晶体管。

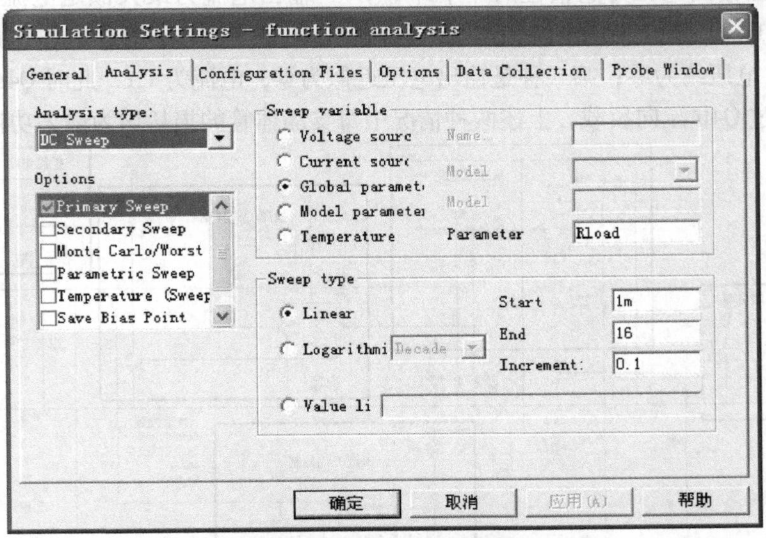

图 3.77　负载电阻直流仿真设置

**输出 2A 扩流**：输出电流最大 2A 时可采用两支功率晶体管并联工作，每支晶体管的发射极串联 $0.5\Omega$ 功率电阻，既可用于均流又可防止电流浪涌，此时当输出

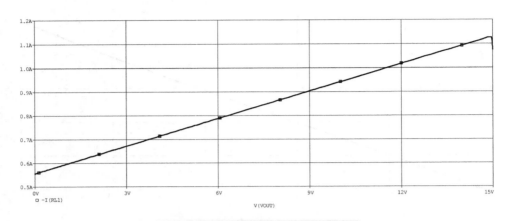

图 3.78    输出电压与负载最大电流波形

电压为零时，每支晶体管的功耗约为 15W，即使选用散热片以及风冷，晶体管的温升仍然将会很高。

输出 2A 扩流电路仿真原理图如图 3.79 所示，当输出短路时 Q4a 截止、Q4b 短路，所有损耗全部消耗在限流电阻 $R_{15}$ 中（$R_{15} = V_{\text{rated max}}/I_{\text{rated max}}$）。工作在最大输出电压、最大额定电流时 Q4b 截止，只有 Q4a 工作，因此所有电流全部通过 Q4a 流向负载，但是此时 Q4a 的 $V_{\text{ce}}$ 电压最小，所以其功耗很低。两种最坏情况如下：一种是输出电压为满量程的一半即 7.5V，输出电流为最大额定电流 2A，此时 Q4b 输出 1A 电流，Q4a 输出另外 1A 电流，Q4a 的 $V_{\text{ce}}$ 电压约为供电电压的一半，Q4b 的 $V_{\text{ce}}$ 电压约为零；第二种是输出电压近似为零，电流为 1A，此时 Q4a 截止，全部电流通过 Q4b 流向负载，上述两种情况中每支晶体管的损耗均为最大功耗的 1/4。

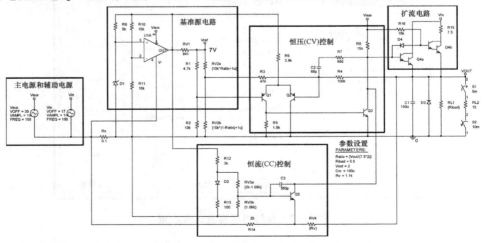

图 3.79    输出 2A 扩流电路仿真原理图

$V_{out} = 1V$、$R_{load} = 0.5\Omega$ 时两晶体管电流波形如图 3.80 所示，Q4a 电流约为零，Q4b 电流约为 2A，电阻 $R_{15} = 7.5\Omega$ 时晶体管总功耗约为 $1V \times 2A = 2W$。

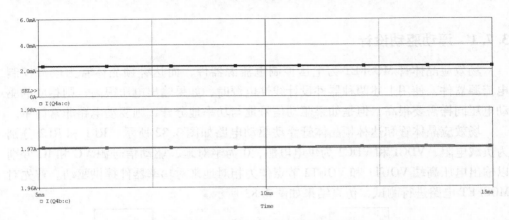

图 3.80　$V_{out} = 1V$、$R_{load} = 0.5\Omega$ 时两晶体管电流波形

$V_{out} = 15V$、$R_{load} = 7.5\Omega$ 时两晶体管电流波形如图 3.81 所示，Q4b 电流约为零，Q4a 电流约为 2A，晶体管总功耗约为 $2V \times 2A = 4W$。

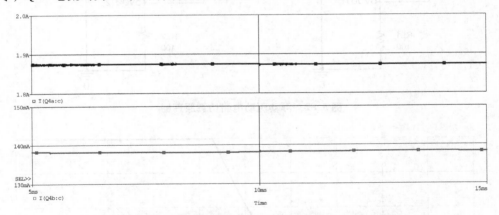

图 3.81　$V_{out} = 15V$、$R_{load} = 7.5\Omega$ 时两晶体管电流波形

通过设置输出电压 $V_{out}$、负载电阻 $R_{load}$ 并未确定输出总电流值，即设定值与实际测试值不一致，此状况主要由恒流（CC）控制电路引起，通过调节 $R_{V3}$ 和 $R_{V4}$ 可以实现最大电流值。

利用该扩流电路既可输出低压大电流又可提供高压大电流，具体应用时非常灵活，同时该电路双模块或者多模块既可串联工作提供高压又可并联工作提供大电流（每路之间通过二极管隔离），实际设计时巧妙应用。

# 3.7 100V/1A 线性电源分析与设计

## 3.7.1 浮动驱动设计

场效应晶体管 MOSFET 为电压控制电流源器件，而达林顿晶体管为电流控制电流源器件。使用上述两种器件设计线性电源时，如果输出电压很高，则相应的驱动电压同样需要很高，但是如果驱动信号地与功率地分开，则驱动电路非常简单。

场效应晶体管和达林顿晶体管浮动驱动电路如图 3.82 所示，RL1 和 RL2 分别为负载电阻，VDC1 和 VDC2 为供电电源，0 为绝对地，驱动信号源 VC 和 IC 分别以输出电压高端 VOUT1 和 VOUT2 节点作为相对地来对功率器件提供驱动。首先对 MOSFET 电路进行测试，仿真结果如图 3.83 所示。

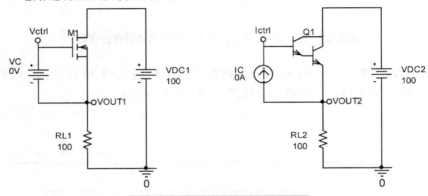

图 3.82 浮动驱动电路仿真原理图

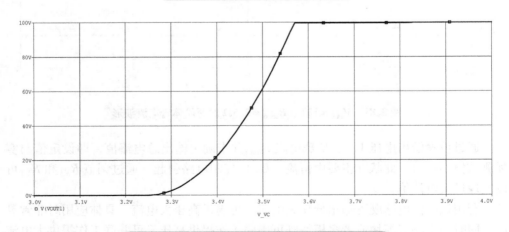

图 3.83 MOSFET 驱动电压与输出电压仿真波形

图 3.83 为 MOSFET 驱动电压与输出电压 V（VOUT1）仿真波形，当驱动电压源的电压 $V_C$ 幅值小于约 3.2V 时器件截止，即输出电压为零；当 $V_C$ 幅值大于约 3.6V 时器件导通，即输出电压为供电电压；当 $V_C$ 幅值在 3.2 ~ 3.6V 之间线性增加时输出电压逐渐增大，MOSFET 工作于线性调节区，此时通过控制 $V_C$ 电压值确定输出电压。

图 3.84 为达林顿晶体管驱动电流与输出电压 V（VOUT2）仿真波形，当驱动电流源的电流 $I_C$ 幅值小于约 100μA 时器件截止，即输出电压为零；当 $I_C$ 幅值大于约 400μA 时器件导通，即输出电压为供电电压；当 $I_C$ 幅值在 100 ~ 400μA 之间线性增加时输出电压逐渐增大，达林顿晶体管工作于线性调节区，此时通过控制 $I_C$ 值确定输出电压。

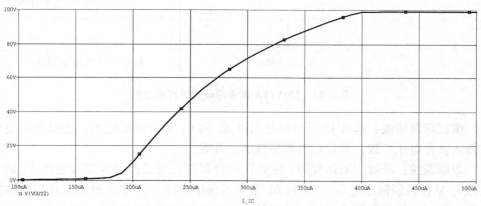

图 3.84　达林顿晶体管驱动电流与输出电压波形

## 3.7.2　100V/1A 恒压源设计

100V/1A 线性恒压源电路仿真原理图如图 3.85 所示，输出电压在 0 ~ 100V 之间连续可调，最大输出电流 1A。恒压源主要由如下模块构成：主供电与辅助电源、输入参考电压、差分放大电路、恒压环路控制、串联调整和输出滤波电容与负载电阻，接下来对各模块功能进行详细说明。

**主供电与辅助电源**：为恒压源提供 120V 主电路供电和 ± 15V 辅助供电，输出电压范围改变时辅助电源保持不变，只需调整主供电电源。

**输入参考电压**：$V_{IN}$ 为输入参考电压，通过改变其参数值调节输出电压值，为保证参考电压稳定，$V_{IN}$ 输出端通过 T 型阻容滤波网络，将高频噪声滤除仅保留直流分量。

**差分放大电路**：运放 U1A 与电阻 $R_1$、$R_2$、$R_3$、$R_4$ 构成差分放大电路，将输出电压进行 10:1 衰减，然后进入恒压环路控制电路；如果输出电压范围改变，通过改变 $R_1 = R_2$ 参数值调节衰减比例，使得输出满量程与设定值一致。

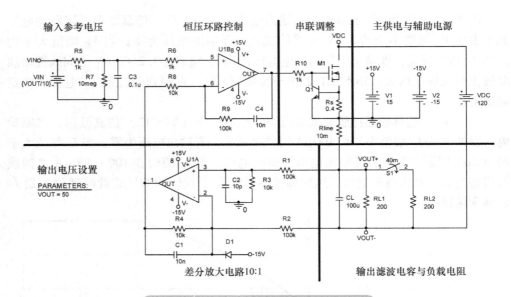

**图 3.85　100V/1A 恒压源电路仿真原理图**

**恒压环路控制**：运放 U1B 与积分元件 $R_9$ 和 $C_4$ 完成恒压控制，使得输出电压与输入参考电压一致，并且输出调节稳定、可靠。

**串联调整**：场效应晶体管 M1 为串联调整器件，通过控制其栅源电压 $V_{gs}$ 调节电流 $I_d$ 从而控制输出电压；Q1 和 $R_s$ 为限流保护电路，当输出短路或者控制电路出现故障时，如果电阻 $R_s$ 两端电压超过 Q1 的开启电压 $V_{be}$ 时 Q1 开始工作，对 M1 的 $V_{gs}$ 进行箝位，使其限流输出。

**输出滤波电容与负载电阻**：$C_L$ 为输出滤波电容，对电压源进行输出滤波，尤其主供电以及负载变化时稳定输出电压；$R_{L1}$ 和 $R_{L2}$ 为等效负载电阻，通过开关 S1 对负载进行调节，以便测试输出电压负载的稳定性。

图 3.86 为输出电压 100V、负载电流由 0.5A 增大至 1A 时的输出电压和调整管电流仿真波形，负载切换瞬间输出电压最大下降 0.5V，恢复时间约为 2ms，通过调节输出滤波电容以及恒压环路积分参数改变输出电压恢复时间，由于负载增大瞬间滤波电容 $C_L$ 为其供电，所以调整管电流急剧增加，最大值约为 1.2A，实际选择 M1 时应留取足够的功率余量，以保证负载调整时电源能够安全工作。

图 3.87 为限流工作状态下的输出电压与输出电流波形，负载电阻 $R_{L1}$ 和 $R_{L2}$ 均为 $20\Omega$，40ms 时两负载电阻并联，此时输出电压设置值为 100V，由于串联调整电路中的限流电路，使得输出电流恒流为 1.87A，改变采样电阻 $R_s$ 参数值调整实际限流值。

图 3.88 为输出电压 $V_{OUT} = 20V$、40V、60V、80V、100V 时的输出电压仿真波形，仿真结果与设置值完全一致。

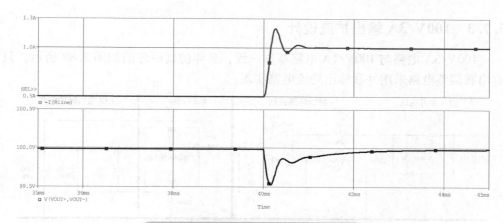

图 3.86　负载变化时的输出电压波形

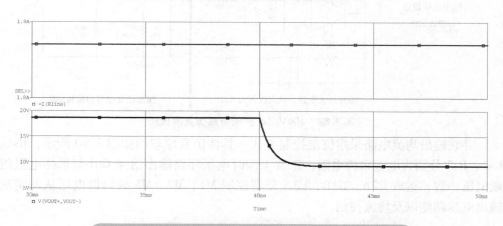

图 3.87　限流工作状态下的输出电压与输出电流仿真波形

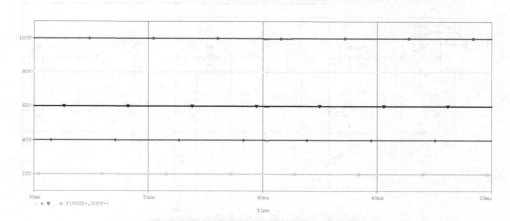

图 3.88　输出电压变化时的输出电压仿真波形

### 3.7.3　100V/3A 输出扩流设计

100V/3A 电路与 100V/1A 电路基本一致，具体仿真原理图如图 3.89 所示，只有串联调整电路采用并联输出均流电路实现。

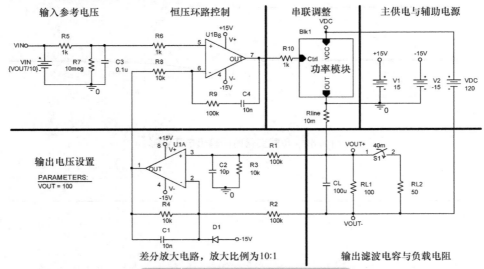

**图 3.89　100V/3A 扩流电路仿真原理图**

并联输出均流电路采用恒流控制方式，具体仿真原理图如图 3.90 所示，Rs1、Rs2、Rs3 分别为电流采样电阻，正常工作时电压环路输出信号 Ctrl 与采样电阻两端电压一致，运放 U2A、U2B、U3A 分别控制 M1、M2、M3 的门极电压从而实现输出电压调整以及均流控制。

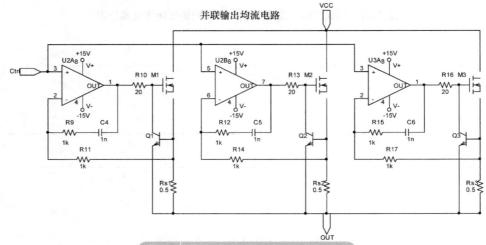

**图 3.90　并联输出均流电路仿真原理图**

输出电压和每路均流电路电流波形如图 3.91 所示，输出电压为 100V，40ms 之前负载电阻为 100Ω，图 3.91 所示输出电流为 1A；40ms 之后负载电阻为 100Ω 与 50Ω 并联，输出电压最大下降 1V，1ms 之后恢复设定值 100V，此时输出电流为 3A。I（Blk1. Rs1）、I（Blk1. Rs2）、I（Blk1. Rs3）分别为 Rs1、Rs2、Rs3 电流波形，三者电流完全一致，利用并联输出均流电路实现 3A 扩流。

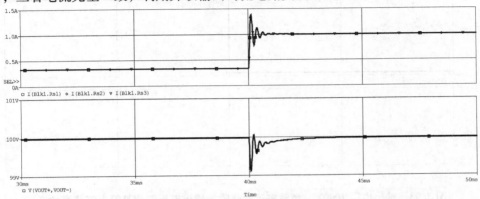

图 3.91　输出电压与每路均流电路电流波形

## 3.7.4　0 ~ 1000V/50mA 输出电压量程扩展

0 ~ 1000V/50mA 电压扩展电路仿真原理图如图 3.92 所示，与 100V/1A 电路基本一致，其中主供电 $V_{DC}$ 由 120V 升高为 1050V，差分放大电路的放大比例由 10∶1 变为 100∶1，限流保护电阻 $R_s$ 设置为 2Ω，输出滤波电容减小为 10μF，接下来对电路进行瞬态仿真测试。

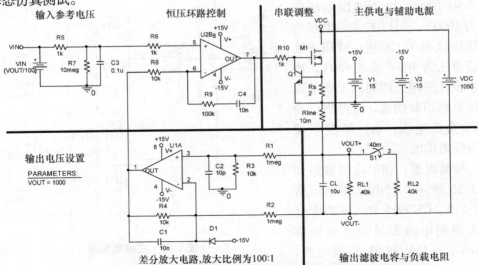

图 3.92　0 ~ 1000V/50mA 电压扩展电路仿真原理图

图 3.93 为输出电压 1000V、负载电流由 25mA 增大至 50mA 时的输出电压和调整管电流仿真波形，负载切换瞬间输出电压最大下降约 1V，恢复时间约为 2ms。当输出功率比较小时利用该电路能够非常便捷地提供连续可调线性电源，下面对 1000V/50mA 电压扩展电路进行实际设计。

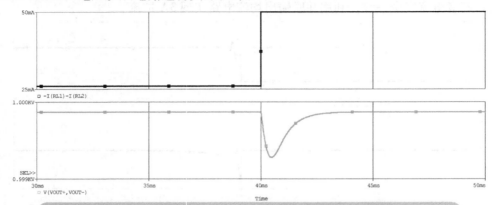

**图 3.93　输出电压 1000V，负载电流变化时的输出电压和调整管电流仿真波形**

1000V/50mA 电压扩展实际设计电路与仿真电路一致，主要由主供电电路、辅助电源、基准源、保护电路、恒压环路控制与串联调整输出电路构成，接下来对各个功能电路进行详细说明。

**主供电电路**：主供电电路如图 3.94 所示，由于输出电压最大为 1000V，所以主供电电路的电压应该高于 1000V；通用滤波电容电压为 400V 或者 450V，所以本设计采用三路相同工频整流滤波电路串联构成，每路提供约 350V 直流电压，由工频变压器进行隔离供电。

**辅助电源**：辅助电源电路如图 3.95 所示，利用三端稳压器 CW7815、CW7915 和 CW7805 分别为控制电路和保护电路提供 +15V、−15V 和 5V 直流电源，同样由工频变压器进行隔离供电。

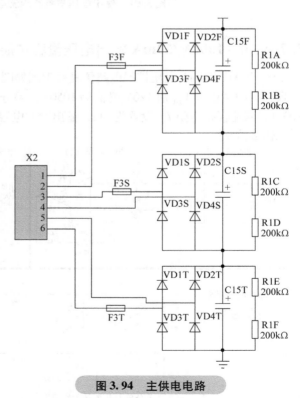

**图 3.94　主供电电路**

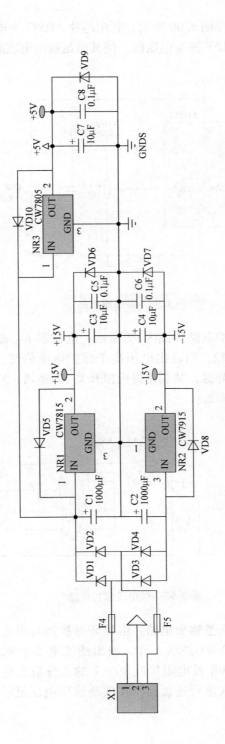

图 3.95 辅助电源电路

**基准源**：基准源电路如图 3.96 所示，利用芯片 AD587 为电路提供 10V 基准电压，通过电位器 $R_{V3}$ 调节 10V 基准电压值，使其满足输出电压满量程设计。

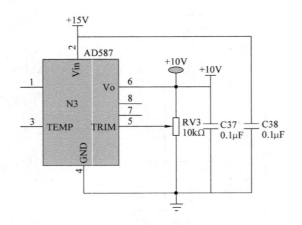

图 3.96　基准源电路

**保护电路**：过电压保护电路如图 3.97 所示，电位器 $R_{V4}$ 提供参考电压，与输出电压采样分压值进行比较，当输出电压高于保护电压值时，运放 N7 输出高电压，使得晶闸管 VS1 一直导通，从而使得模拟开关 N2 连通，VT3 的集电极与发射极短路——控制电路停止输出。

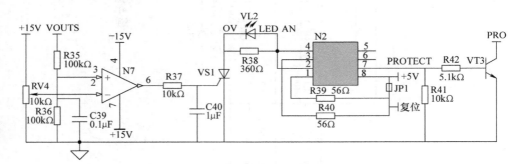

图 3.97　过电压保护电路

**恒压环路控制与串联调整输出电路**：恒压环路控制与串联调整输出电路如图 3.98 所示，功率管 VM1、VM3 并联工作，输出滤波电容串联连接，通过电位器 $R_{V1}$ 调节输出电压；运放 N6B 及电阻构成 100∶1 的差分放大电路，由于输出电压高，电阻同样采用串联方式进行连接；N6A 实现输出电压显示，并为过电压保护电路提供电压采样信号。

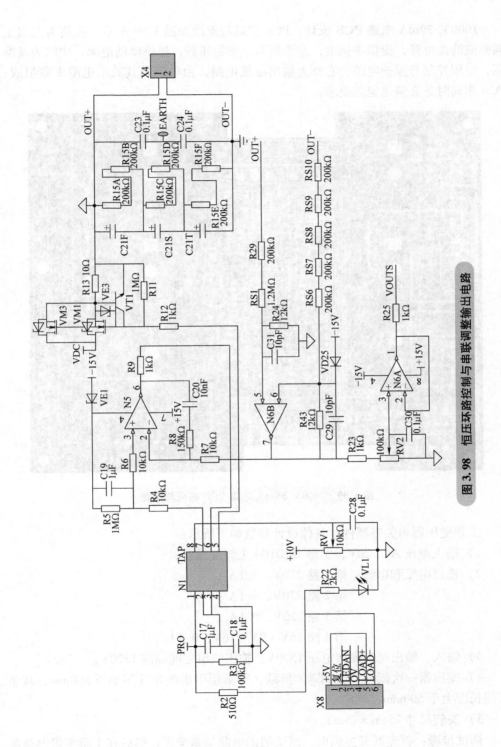

图 3.98 恒压环路控制与串联调整输出电路

**1000V/50mA 电路 PCB 设计**：PCB 布局与走线如图 3.99 所示，左侧为三组工频整流滤波电路，提供主供电；左下侧为三端稳压器，提供辅助电源；中间为基准源、恒压控制与保护电路；右侧为输出滤波电路，由电容及其放电电阻串联组成；PCB 布局时务必满足绝缘要求。

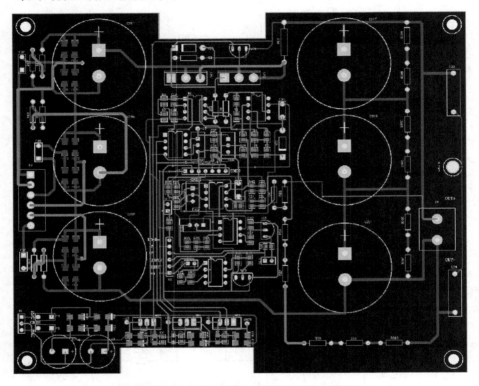

图 3.99　1000V/50mA 电路 PCB 布局与走线

工频变压器为关键器件，具体设计参数如下所示：

1）输入电压 AC 220V，圆形 BOD100 工频变压器；

2）输出电压和电流：第 1 路 220V，0.1A；

　　　　　　　　　　第 2 路 220V，0.1A；

　　　　　　　　　　第 3 路 220V，0.1A；

　　　　　　　　　　第 4 路 16V ~0V ~16V，0.3A。

3）输入、输出绕组隔离电压 1500V，输出绕组之间隔离 1500V；

4）变压器一次侧、二次侧隔离屏蔽，屏蔽层引出线长度不小于 500mm，其余引线长度大于 500mm；

5）安装尺寸 75cm×75cm。

**调试步骤**：首先断开主供电，测试辅助电源与基准源；然后在 1 组主供电整流滤波电路接通的情况下测试恒压环路是否正常工作，此时输出电压应在 0~350V 连续可调，输出电流 50mA 长时间稳定工作，电路工作正常后调节 $R_{V4}$ 测试过电压保护功能；接下来分别测试 2 组和 3 组主供电整流滤波电路接通时电路工作状态，最大输出电压应该到达 700V 和 1000V，调试过程中逐渐调节 $R_{V4}$ 使得保护电压慢慢升高，以便对整体电路及其负载进行保护。

　　**测试数据**：输出电压 0~1000V 连续可调，输出电流 50mA 可长期稳定工作；纹波电压有效值最大为 7mV，输出电压 800V 测量值见表 3.7，有无负载时输出电压均一致。

**表 3.7　输出电压 800V 测量值**

| 时刻 | 10:45 | 12:00 | 15:00 | 19:00 |
|---|---|---|---|---|
| 测量值/V | 800.31 | 800.32 | 800.31 | 800.32 |

# 第 4 章
# 交流线性电源分析与设计

　　交流线性电源主要包括两种：分立元件构成的交流源与集成功放。本章介绍的分立元件交流源主要包括单管反相交流源、双管跟随器和多管放大交流源；集成功放交流源主要包括 PA12 和 MP108 功率放大器。本章对各种电路进行负反馈闭环工作原理分析、工作点和元器件参数计算、瞬态分析和失真测试、交流分析和稳定性分析；并在基本电路工作原理完全掌握的基础上进行实际应用扩展；对分立元件正弦波发生电路和 ICL8038 集成波形发生器进行工作原理分析及应用设计。因为交流电源稳压设计需要精确反馈信号，所以本章最后分析交流/直流变换电路，并且结合数表电路进行实际应用设计。

## 4.1 分立元件交流源

　　首先利用分立元件构建单管反相交流源、双管跟随器、同相 5 管放大电路，对其进行工作原理分析及仿真测试，然后进行多级放大电路和音频交流源实例设计。

### 4.1.1　单管反相交流源

　　单管反相交流源及其等效电路仿真原理图如图 4.1 所示，当输入信号 $V_S$ 为直流时，C1 和 C2 断开，$V_{CC}$、$R_{C1}$ 和 $R_{B2}$ 为晶体管 Q1 建立静态工作点；当 $V_S$ 为高频信号时，C1 和 C2 短路，节点 n3 的电压约为恒定值，所以输入电压 $V_S$ 升高时 n4 的电压即 OUT1 降低，所以输入电压与输出构成反相放大；由于晶体管放大倍数 $h_{FE}$ 本身具有很大离散性，所以利用负反馈消除 $h_{FE}$ 变化时对电路输出特性的影响；采用运放等效晶体管放大功能，运放正输入端相当于晶体管射极，运放负输入端相当于晶体管基极，运放输出端相当于晶体管集电极，电阻 $R_{B1}$ 和 $R_{B2}$ 构成反相放大电路，放大倍数主要由两个电阻的阻值决定，同时受 Q1 工作点及 $h_{FE}$ 影响。

　　**稳定性分析**：假设由于某些原因 $h_{FE}$ 增加，如果晶体管直流基极电流一定，由于直流集电极电流 $I_C$ 随着 $h_{FE}$ 增加而线性增大，所以集电极负载电阻 $R_{C1}$ 两端电压升高，导致 $V_{CE}$ 降低，但是由于 $R_{B2}$ 连接在 Q1 集电极，$I_B$ 计算公式如下：

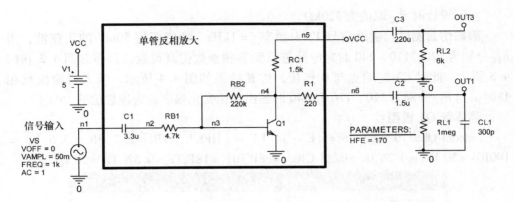

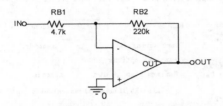

图 4.1 单管反相交流源及其等效电路仿真原理图

$$I_B = \frac{V_{CE} - V_{BE}}{R_{B2}} \tag{4.1}$$

所以 $V_{CE}$ 降低必然引起 $I_B$ 减小、导致 $I_C$ 也减小，从而使得 $V_{CE}$ 升高，最终抵消 $h_{FE}$ 增大引起的 $V_{CE}$ 降低。

**工作点和元器件参数计算**：按照图 4.1 中设置参数并联立方程计算电路静态工作点，此时电容 C1 开路，具体公式如下：

$$I_C = h_{FE} \times I_B$$
$$V_{CC} = V_{CE} + R_{C1} \times (I_C + I_B) \tag{4.2}$$
$$V_{CE} = V_{BE} + R_{B2} \times I_B$$

首先按照设计指标规定电源电压 $V_{CC}$ 和负载电阻，本例规定 $V_{CC} = 5\text{V}$、$R_{C1} = 1.5\text{k}\Omega$；然后确定晶体管 Q1 的放大倍数为 $h_{FE} = 120 \sim 240$，由于 $h_{FE}$ 具有离散性，通常按照几何平均值进行计算，即：

$$h_{FE} = \sqrt{120 \times 240} \approx 170 \tag{4.3}$$

接下来计算基极电阻 $R_{B2}$，由式（4.2）可得

$$R_{B2} = \left(\frac{V_{CE} - V_{BE}}{V_{CC} - V_{CE}}\right) \times (1 + h_{FE}) \times R_{C1} \tag{4.4}$$

假设 $V_{BE} = 0.6\text{V}$、$V_{CE} = 2.6\text{V}$ 约为输入电源 $V_{CC}$ 一半，代入式（4.4）整理得：

$$R_{B2} = \left(\frac{2.6\text{V} - 0.6\text{V}}{5\text{V} - 2.6\text{V}}\right) \times (1 + 170) \times 1500\Omega \approx 214\text{k}\Omega \tag{4.5}$$

实际设计时 $R_{B2}$ 取值为 220kΩ。

**瞬态仿真测试**：激励信号 $V_s$ 为频率 $f = 1$kHz、峰值振幅 50mV 的正弦波，当 $h_{FE}$ 分别为 120、170、240 时对电路进行瞬态和参数仿真设置，具体如图 4.2 和图 4.3 所示，此时 C3 左端点与 0 连接，仿真结果如图 4.4 所示，输入与输出反相 180°，当 $h_{FE}$ 分别为 120、170 和 240 时输出电压变化幅度约为理想值的 15%。

**晶体管 Q1 模型：**

. model Qbn170 NPN IS = 1E – 14 BF = ｛HFE｝ XTB = 1.7 BR = 3.6 VA = 100RB = 50 RC = 0.76 IK = 0.25 CJC = 4.8P CJE = 18P TF = 0.5N TR = 20N

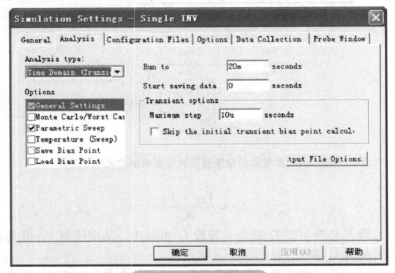

图 4.2　瞬态仿真设置

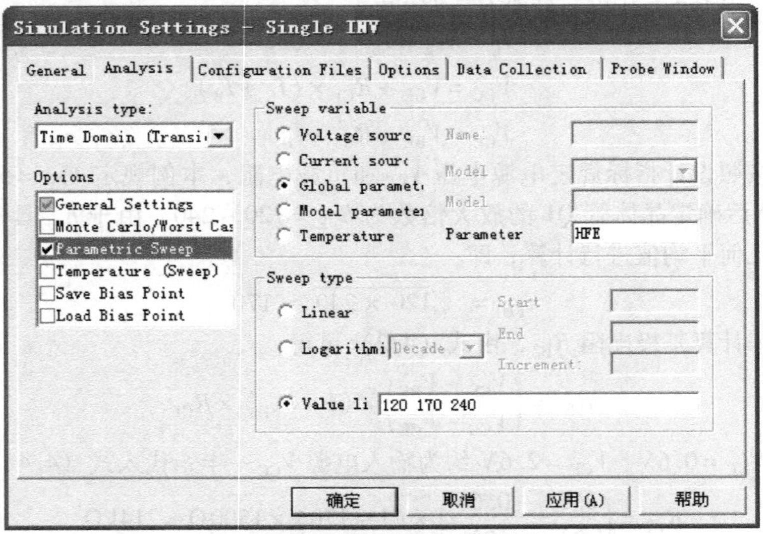

图 4.3　$h_{FE}$ 参数仿真设置

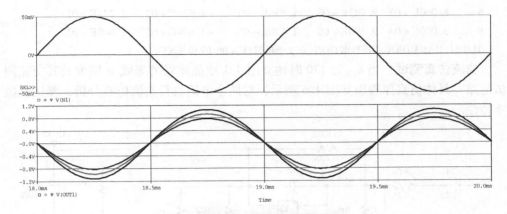

图 4.4　输入、输出电压仿真波形

**失真仿真测试**：失真测试时网络节点 n6 与 C3 左端点相连接，$h_{FE}$ 设置为 170，对电路进行瞬态分析，失真仿真设置如图 4.5 所示，中心频率 1kHz、9 次谐波。

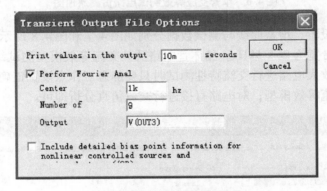

图 4.5　失真仿真设置

由仿真结果可知总谐波失真为 2.65%、直流分量为 −4.5mV。仿真结果如下：

FOURIER COMPONENTS OF TRANSIENT RESPONSE V（OUT3）

DC COMPONENT　=　−4.504560E−03

| HARMONIC NO | FREQUENCY （HZ） | FOURIER COMPONENT | NORMALIZED COMPONENT | PHASE （DEG） | NORMALIZED PHASE（DEG） |
|---|---|---|---|---|---|
| 1 | 1.000E+03 | 8.028E−01 | 1.000E+00 | −1.798E+02 | 0.000E+00 |
| 2 | 2.000E+03 | 2.110E−02 | 2.628E−02 | 9.063E+01 | 4.502E+02 |
| 3 | 3.000E+03 | 2.443E−03 | 3.044E−03 | −1.791E+02 | 3.602E+02 |
| 4 | 4.000E+03 | 2.150E−04 | 2.678E−04 | −9.787E+01 | 6.212E+02 |
| 5 | 5.000E+03 | 1.113E−05 | 1.387E−05 | 1.464E+02 | 1.045E+03 |
| 6 | 6.000E+03 | 1.812E−05 | 2.257E−05 | −1.779E+02 | 9.007E+02 |
| 7 | 7.000E+03 | 1.353E−05 | 1.685E−05 | −1.780E+02 | 1.080E+03 |

| 8 | 8.000E + 03 | 9.923E − 06 | 1.236E − 05 | − 1.638E + 02 | 1.274E + 03 |
| 9 | 9.000E + 03 | 9.390E − 06 | 1.170E − 05 | − 1.694E + 02 | 1.449E + 03 |

TOTAL HARMONIC DISTORTION = 2.646023E + 00 PERCENT

**交流仿真测试**：当 $h_{FE}$ 为 170 时建立图 4.1 中晶体管的等效 π 模型及其交流测试电路，具体仿真原理图如图 4.6 所示，对两个电路进行交流仿真分析，测试其频率特性。

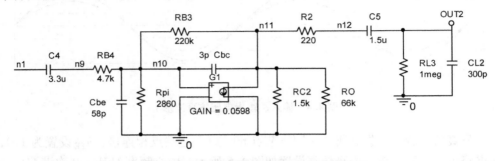

图 4.6　单管交流等效测试电路仿真原理图

交流仿真设置、增益曲线与测试数据分别如图 4.7 和图 4.8 所示，最大增益为 25.6dB，3dB 带宽为 264.5kHz。晶体管电路及其交流等效模型测试结果完全一致，所以对晶体管放大电路进行交流特性测试时只要静态工作点设置正确，无须计算半导体器件的交流等效模型，对电路直接进行交流仿真分析即可。

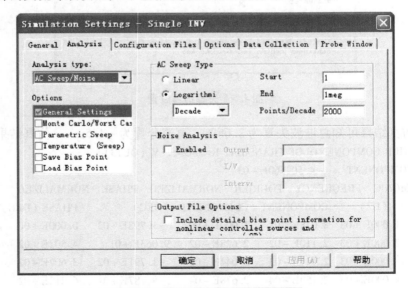

图 4.7　单管反相电路交流仿真设置

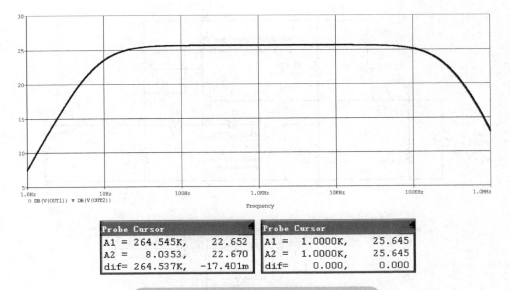

图 4.8　单管反相电路增益曲线及测试数据

## 4.1.2　双管跟随器

双管跟随器及其等效电路仿真原理图如图 4.9 所示，由小信号等效电路可知该电路为单位增益同相放大电路。Q1 采用高增益型 NPN 晶体管，Q2 采用通用 PNP 晶体管，例如互补型晶体管 2N5551、2N5401 和 2SC1815、2SA1015 均可。R3、R4 为 Q1 建立合理静态工作点，使得电路正常工作时节点 6 的电压约为 6V；正常工作时 R6 两端电压约为 0.7V，根据 Q1 的静态集电极电流值计算 R6 电阻值；电容 C1 和 C3 对直流信号进行隔离，实现交流输入——交流输出；实际电路的节点 3 相当于等效电路中 U1 正相输入端、节点 5 相当于 U1 反相输入端、节点 6 相当于 U1 输出端。

**负反馈原理分析**：当输入信号不变，节点 6 电压降低即输出电压降低时，Q1 的 $V_{be}$ 电压升高，使得其集电极电流增大，从而 R6 两端电压升高，引起 Q2 的 $V_{be}$ 电压升高，使得 Q2 的集电极电流增大，最终输出电压升高——实现输出稳压；当输入信号不变，当节点 6 电压升高即输出电压升高时 Q1 的 $V_{be}$ 电压降低，使得其集电极电流减小，从而 R6 两端电压降低，引起 Q2 的 $V_{be}$ 电压降低，使得 Q2 的集电极电流减小，最终输出电压降低——实现输出稳压。

**正弦波输入瞬态测试**：当输入信号为正弦波时测试电路输出特性。瞬态仿真设置如图 4.10 所示。

下图 4.11 分别为瞬态仿真设置与测试波形，V（IN）输入信号为幅值 5V、频率 10kHz 的正弦波；V（OUT1）和 V（OUT2）分别为实际电路与等效电路的输出

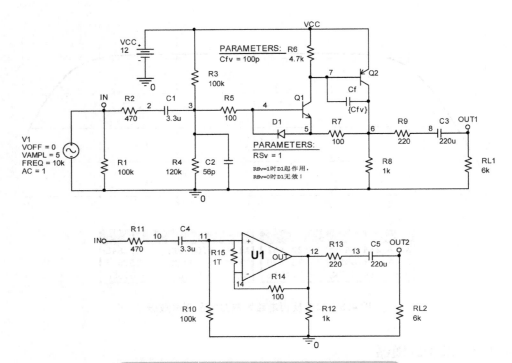

图4.9　双管跟随器实际电路与等效电路仿真原理图

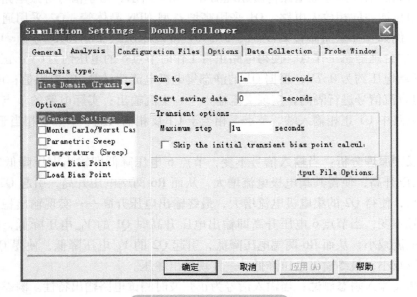

图4.10　瞬态仿真设置

电压波形，输出完全一致，并且实现输入信号的跟随输出。

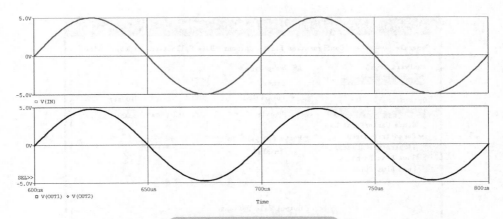

**图 4.11　输入和输出波形**

当输入信号 V（IN）幅度很大时，如果负载 RL1 短路则 Q1 的发射极处于反向偏置状态，利用二极管 D1 连接至 Q1 基极—发射极之间防止其发射极被击穿，并将其反向偏置电压抑制在 0.7V 以下，正常状态时 D1 不工作，相当于断开，只有当负载短路时 D1 才发挥保护作用。图 4.12 为负载短路时 $V_{be}$ 电压波形，保护二极管 D1 存在时 $V_{be}$ 电压在 ±1V 之间，当 D1 去除时 $V_{be}$ 的最大反相电压约为 3.4V，说明 Q1 可能损坏。

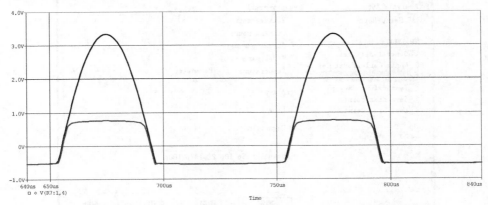

**图 4.12　负载短路、D1 存在和去除时 Q1 的 $V_{be}$ 电压测试波形**

**交流测试**：输入为 1V 交流源时测试电路交流特性，跟随器电路的增益约为 0dB。由于 $R_2$ 和 $C_2$ 构成低通滤波器，对高频信号进行衰减，能够抑制负反馈产生的高频尖峰，因此进行补偿电容 $C_f$ 特性测试时将电容 $C_2$ 断开。

补偿电容 $C_f$ 分别为 5pF、10pF、22pF、47pF 和 100pF 时进行闭环交流特性测试，仿真设置与测试结果分别如下图 4.13 ~ 图 4.15 所示，$C_{fv} = 5pF$ 时增益曲线峰值约为 2dB；$C_{fv} = 22pF$ 时增益曲线峰值约为 1dB；$C_{fv} = 47pF$ 时增益曲线无峰值并

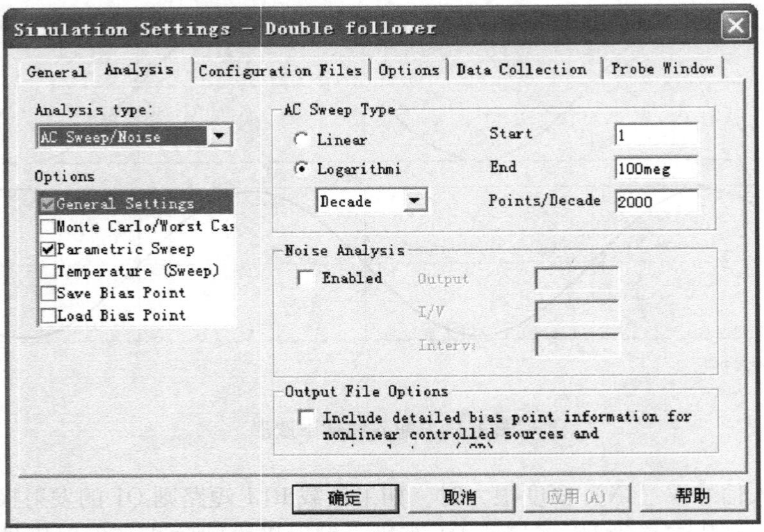

图 4.13　交流仿真设置

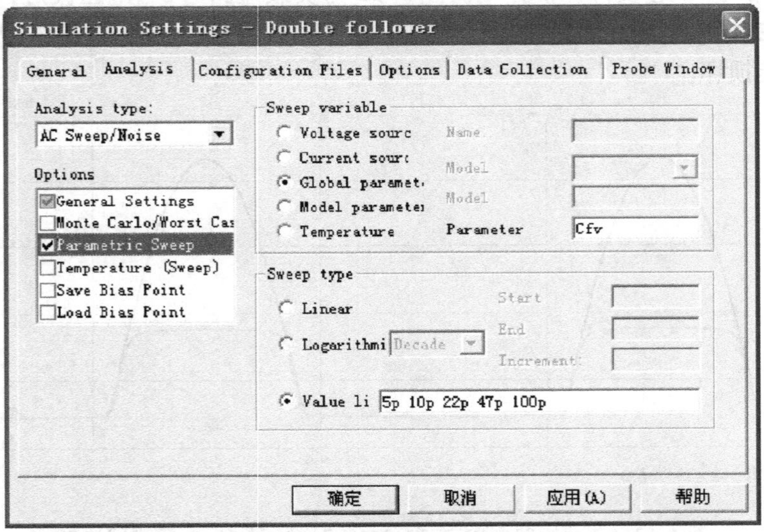

图 4.14　补偿电容 $C_f$ 参数设置

且单调减小。电容 $C_2$ 用于输出峰值抑制，并且当输入开路时防止电路振荡。

　　下图 4.16 为 $C_{fv} = 47pF$、电容 $C_2$ 恢复时整体电路增益曲线及 3dB 带宽，由于低频时电容 $C_1$ 和 $C_3$ 等效为开路，所以低频增益降低，增加补偿电容 $C_f$ 和输入端低通滤波电容 $C_2$ 之后增益曲线无峰值出现，3dB 带宽约为 5MHz。

　　**脉冲输入瞬态测试**：当输入信号为脉冲时测试电路输出特性。

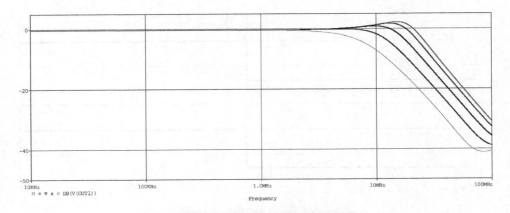

**图 4.15 补偿电容对闭环增益影响**

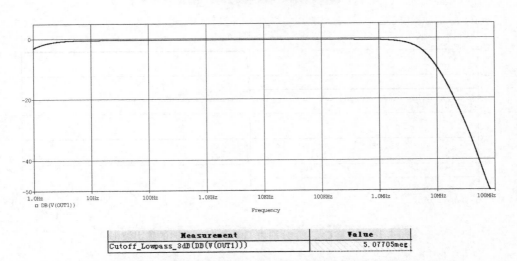

| Measurement | Value |
|---|---|
| Cutoff_Lowpass_3dB(DB(V(OUT1))) | 5.07705meg |

**图 4.16** $C_{fv} = 47$pF 时整体电路频率特性测试波形及数据

图 4.17 和图 4.18 分别为去除和恢复 $C_2$、$C_f$ 分别为 1pF 和 100pF 时的输出波形。去除 $C_2$ 时,补偿电容为 1pF 时的输出过冲远远大于补偿电容为 100pF 时过冲值;恢复 $C_2$ 时,补偿电容为 1pF 和 100pF 时均无过冲,所以实际设计时电容 $C_2$ 非常重要,通常选择 $C_2$ 与 $R_2$ 构成的低通截止频率为闭环 $-3$dB 带宽的 $1 \sim 10$ 倍,也可根据实际闭环带宽进行具体计算,合理选择 $C_f$ 参数值能够优化输出波形,降低总谐波失真。

**双管 10 倍放大功能扩展**:工作原理与双管跟随器完全一致,双管 10 倍放大实际与等效电路仿真原理图如图 4.19 所示。增加分压电阻 $R_{14}$ 和 $R_8$,对输出信号进行 1/10 采样,然后与输入信号进行对比,等效电路中利用 $R_{15}$ 和 $R_{12}$ 进行 1/10 分压,然后连接至 U1 负输入端,正常工作时 U1 正输入端与负输入端电压相等,所

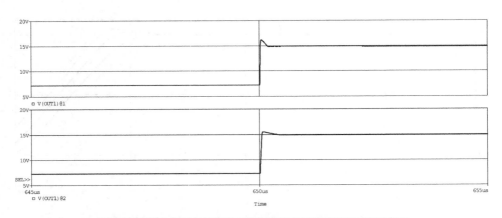

**图 4.17　去除 $C_2$、$C_f$ 分别为 1pF 和 100pF 时的输出波形**

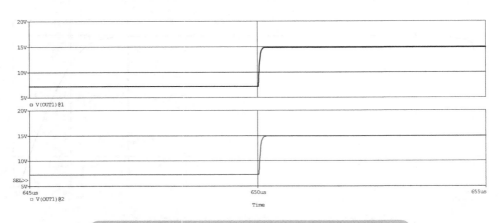

**图 4.18　恢复 $C_2$、$C_f$ 分别为 1pF 和 100pF 时的输出波形**

以 U1 输出端电压为输入电压的 10 倍，即正常工作时 V（OUT1）为输入 V（IN）的 10 倍，即实现 10 倍放大。

　　**瞬态测试：** 当输入信号为正弦波时测试电路输出特性。

　　图 4.20 为瞬态仿真测试波形，输入信号 V（IN）为幅值 0.3V，频率 10kHz 的正弦波。V（OUT1）和 V（OUT2）分别为实际电路与等效电路的输出电压波形，V（OUT1）最大值约为 2.9V，V（OUT2）最大值约为 2.7V，增益为 9，略低于设置值 10，该误差主要由环路增益比较低造成。

## 4.1.3　同相 5 管放大电路

　　同相 5 管放大电路仿真原理图如图 4.21 所示，该电路由 5 支晶体管组成运放结构，NI 相当于运放同相输入端，INI 相当于运放反相输入端，OUT 相当于运放输出端，通过在 CMP 和 OUT 端连接补偿电容使得电路稳定工作。二极管 D1、D2 和电阻

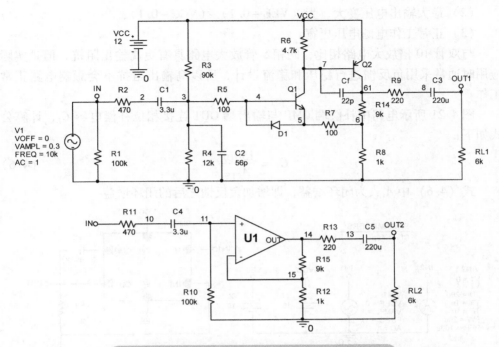

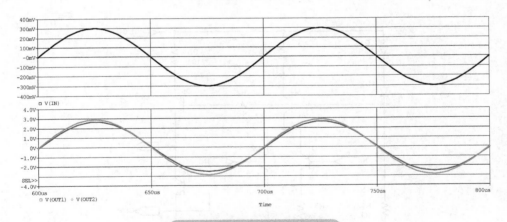

图 4.19 双管 10 倍放大实际与等效电路仿真原理图

图 4.20 输入和输出波形

R2 将 Q3 的集电极电流设置为约 0.4mA，此时 Q4 的集电极电流约为 6mA，电阻 R4 用于防止供电电源电压上升时 Q1、Q2、Q3、Q4 处于截止状态，从而电路不能正常工作。

与双管 10 倍放大电路相比，同相 5 管放大电路具有如下优点：

（1）同相输入电压范围变大，为（VEE + 1）~（VCC − 1）；

（2）最大输出电压变大，为（VEE + 0.1）～（VCC – 0.1）；

（3）正常工作电源电压更宽。

与双管 10 倍放大电路相比，同相 5 管放大电路具有更高输出阻抗，但是实际应用时通常采用负反馈进行稳压和稳流设计，所以高输出阻抗不会影响电路正常工作。

图 4.21 所示电路中补偿端 CMP 与输出端 OUT 连接相位补偿电容 $C_f$，计算公式如下：

$$C_f = \frac{150\text{pF}}{A_{\text{CLS}}} \tag{4.6}$$

式（4.6）中 $A_{\text{CLS}}$ 为闭环增益，即增加负反馈之后的闭环增益。

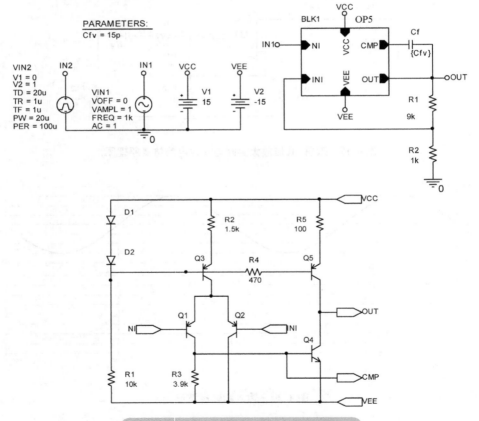

**图 4.21　同相 5 管放大电路仿真原理图**

**闭环工作特性分析**：当输入信号源恒定，由于某些原因输出电压升高时反馈电压 INV 也升高，从而使得 Q1 射极电流增加、$R_3$ 两端电压升高、Q4 基极—发射极电压增大，最终导致输出端 OUT 电压降低，实现闭环反馈，使得输出电压稳定；当输入信号源恒定，由于某些原因输出电压降低时反馈电压 INV 也降低，从而使得 Q1 发射极电流减小、$R_3$ 两端电压降低、Q4 基极—发射极电压减小，最终导致输出端 OUT 电压升高，实现闭环反馈，使得输出电压稳定。

　　**瞬态仿真测试**：激励信号为频率 $f = 1\text{kHz}$、峰值振幅 1V 的正弦波，将电路设置为同相 10 倍放大，瞬态仿真设置和输入、输出电压仿真测试波形分别如下图 4.22 和图 4.23 所示，电路实现同相 10 倍放大功能，改变电阻 $R_2$ 与 $R_1$ 的比值调节放大倍数。

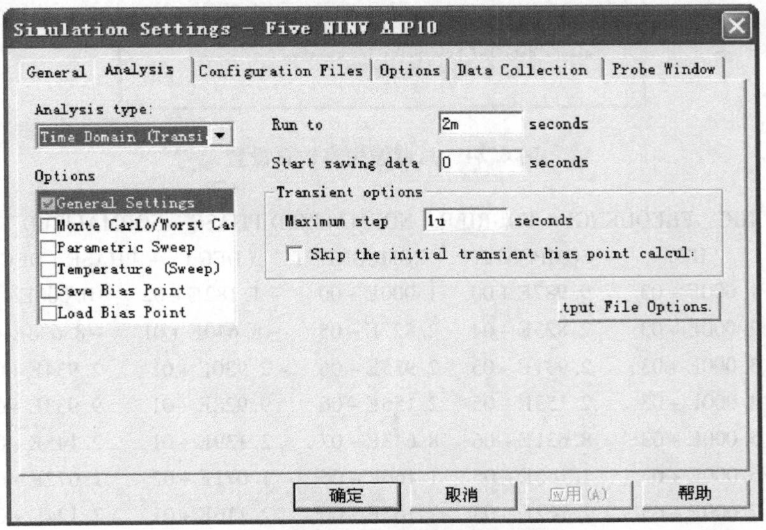

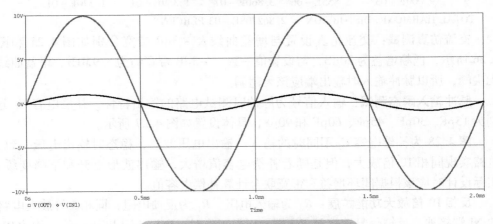

**图 4.22　瞬态仿真设置**

**图 4.23　输入、输出电压仿真测试波形**

　　**失真测试**：总谐波失真仿真设置如图 4.24 所示，中心频率为 1kHz、9 次谐波。由仿真结果可知总谐波失真约为 0.29%，大大低于双管交流放大电路的总谐波失真，仿真结果如下所列：

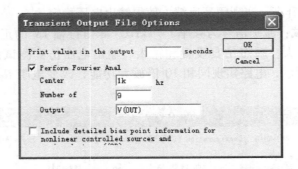

图 4.24　总谐波失真仿真设置

| HARMONIC NO | FREQUENCY (HZ) | FOURIER COMPONENT | NORMALIZED COMPONENT | PHASE (DEG) | NORMALIZED PHASE (DEG) |
|---|---|---|---|---|---|
| 1 | $1.000E+03$ | $9.987E+00$ | $1.000E+00$ | $-1.182E-02$ | $0.000E+00$ |
| 2 | $2.000E+03$ | $2.823E-04$ | $2.827E-05$ | $-8.640E+01$ | $-8.638E+01$ |
| 3 | $3.000E+03$ | $2.931E-05$ | $2.935E-06$ | $2.930E+01$ | $2.934E+01$ |
| 4 | $4.000E+03$ | $2.153E-05$ | $2.156E-06$ | $9.928E+01$ | $9.933E+01$ |
| 5 | $5.000E+03$ | $8.631E-06$ | $8.643E-07$ | $2.139E+01$ | $2.145E+01$ |
| 6 | $6.000E+03$ | $1.165E-05$ | $1.166E-06$ | $1.071E+02$ | $1.072E+02$ |
| 7 | $7.000E+03$ | $2.162E-05$ | $2.165E-06$ | $2.116E+01$ | $2.124E+01$ |
| 8 | $8.000E+03$ | $3.792E-07$ | $3.797E-07$ | $-7.513E+01$ | $-7.504E+01$ |
| 9 | $9.000E+03$ | $3.855E-06$ | $3.860E-07$ | $1.359E+01$ | $1.370E+01$ |

TOTAL HARMONIC DISTORTION $= 2.862708E-03$ PERCENT

**交流仿真测试**：交流仿真设置与增益曲线及 -3dB 带宽分别如图 4.25 和图 4.26 所示，低频增益为 20dB，与设置值一致，-3dB 带宽约为 5.9MHz，增益曲线无尖峰，所以脉冲输入时输出端应该无超调。

**脉冲输入瞬态测试**：输入信号为脉冲时测试电路的输出特性，补偿电容 $C_f$ 分别为 15pF、30pF、45pF、60pF 和 90pF，具体设置如图 4.27 所示。

图 4.28 为补偿电容 $C_f$ 不同时的输入、输出电压波形，稳态时输出电压一致，电路实现同相 10 倍放大，但是随着补偿电容值增大，输出波形上升和下降变缓，实际设计时应该根据闭环增益和带宽联合计算补偿电容值。

**反相 10 倍放大功能扩展**：$R_2$ 为输入电阻，$R_1$ 为反馈电阻，同相 5 管放大电路的 NI 端接地，反馈信号连接至 INI 端。正常工作时，INI 与 NI 电压一致，均为 0V 并且无电流流入 INI 端，所以电路实现反相 10 倍放大，即正常工作时 $V(OUT)/V(IN1) = -10$。反相 5 管 10 倍放大电路仿真原理图如图 4.29 所示。

**瞬态测试**：当输入信号为正弦波时测试电路输出特性。

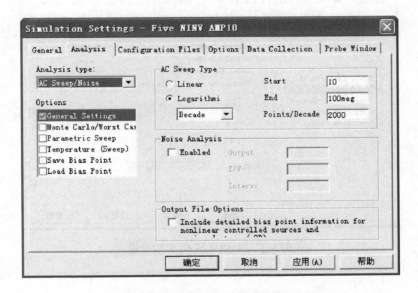

图 4.25　同相 5 管放大电路交流仿真设置

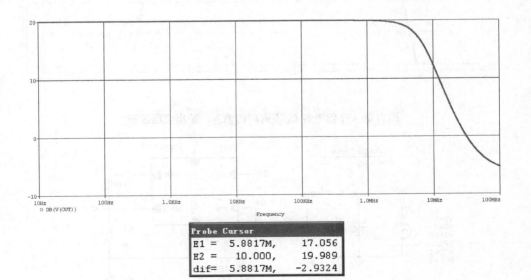

图 4.26　同相 5 管放大电路增益曲线及 −3dB 带宽

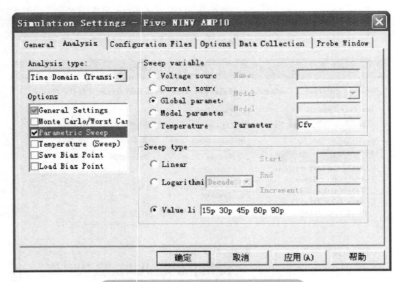

图 4.27　补偿电容 $C_f$ 参数设置

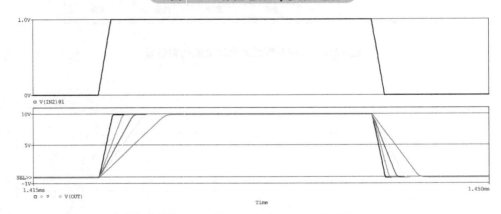

图 4.28　补偿电容 $C_f$ 不同时的输入、输出电压波形

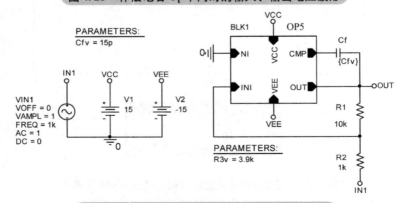

图 4.29　反相 5 管 10 倍放大电路仿真原理图

图 4.30 为瞬态仿真输入、输出波形与测试数据，输入信号 V（IN1）为幅值 1V、频率 1kHz 的正弦波；V（OUT）为反相 5 管放大电路输出电压波形；V（OUT）最大值为 9.88V，最小值为 – 10.09V，增益约为 – 10；输出电压存在静态直流偏置，调节 $R_3$ 参数值将直流偏置调整为零。

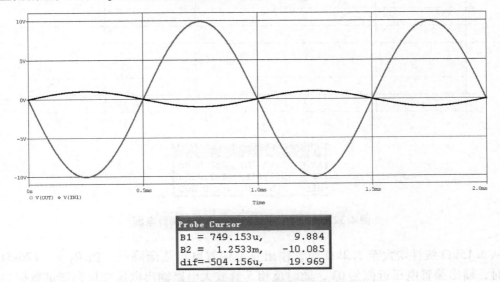

图 4.30　输入、输出电压波形与测试数据

将输入信号源 VIN1 的直流参数 DC 设置为 0V，改变电阻 $R_3$ 的参数值对电路进行直流仿真分析，仿真设置如图 4.31 所示，仿真结果如图 4.32 所示，当 $R_3$ 阻值

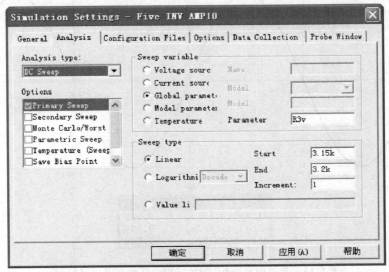

图 4.31　电阻 $R_3$ 参数设置

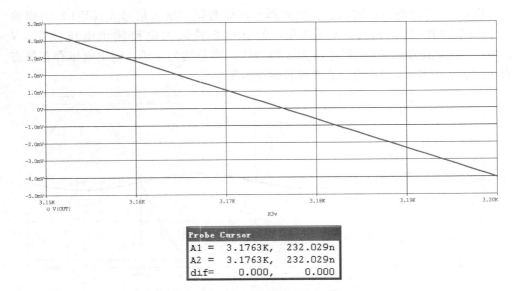

**图 4.32　电阻 $R_3$ 变化时的输出静态偏置电压**

从 3.15kΩ 线性增大至 3.2kΩ 时，输出直流偏置电压逐渐降低，当 $R_3 = 3.176$kΩ 时，输出偏置电压近似为 0V，此时反相 5 管放大电路输出电压波形和测试数据如图 4.33 所示，最大值 9.985V，最小值 −9.984V，直流偏置约为 0V。

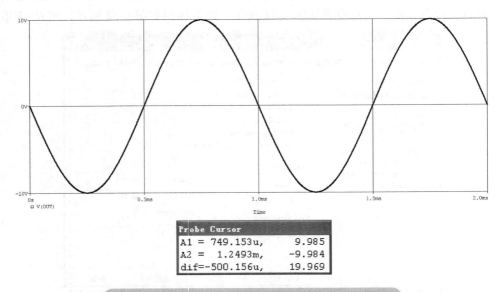

**图 4.33　直流偏置为 0V 时的输出电压波形及测试数据**

#### 4.1.4 多级放大交流源设计实例

**设计指标**：将峰值为 10mV、输入电阻为 10kΩ 的正弦波信号放大后连接至 8Ω 电阻，使其平均功率为 0.1W。

**设计方案**：本设计采用简单通用 3 级放大电路，具体电路结构如图 4.34 所示。输入缓冲级为射极跟随器电路，用于减小 10kΩ 信号源输入电阻的负载效应。输出级同为射极跟随器电路，用于提供所需输出电流和功率。增益级采用两级共射放大电路，用于提供所需电压增益。整个放大电路系统由 12V 直流电源供电。

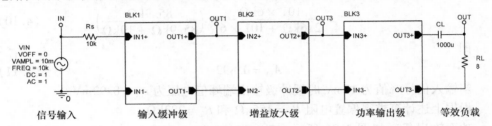

图 4.34 3 级放大电路结构

**输入缓冲级**：如图 4.35 所示，输入缓冲级为射极跟随器电路。假设晶体管电流增益 $\beta_1 = 100$。设计电路时规定静态集电极电流 $I_{CQ1} = 1\text{mA}$、静态集电极—发射极电压 $V_{CEQ1} = 6\text{V}$、$R_1 \parallel R_2 = 100\text{k}\Omega$、$V_T = 0.026\text{V}$、$R_{E1} = 6\text{k}\Omega$。

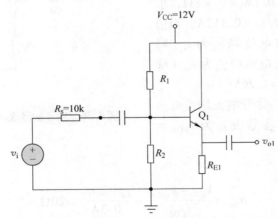

图 4.35 输入信号源与输入缓冲级（射极跟随器）

根据以上技术指标计算得

$$R_{E1} \cong \frac{V_{CC} - V_{CEQ1}}{I_{CQ1}} = \frac{12\text{V} - 6\text{V}}{1\text{mA}} = 6.1\text{k}\Omega \qquad (4.7)$$

于是

$$r_{\pi1} = \frac{\beta_1 V_{\mathrm{T}}}{I_{\mathrm{CQ1}}} = \frac{100 \times 0.026\mathrm{V}}{1\mathrm{mA}} = 2.6\mathrm{k\Omega} \tag{4.8}$$

忽略下一级负载效应整理得

$$R_{i1} = R_1 \parallel R_2 \parallel \left[ r_{\pi1} + (1 + \beta_1) R_{\mathrm{E1}} \right]$$
$$= 100\mathrm{k\Omega} \parallel \left[ 2.6\mathrm{k\Omega} + 101 \times 6\mathrm{k\Omega} \right] = 85.9\mathrm{k\Omega} \tag{4.9}$$

假设 $r_{\mathrm{o}} = \infty$ ，求得小信号电压增益（忽略下一级负载效应）为

$$A_{v1} = \frac{v_{o1}}{v_i} = \frac{(1 + \beta_1) R_{\mathrm{E1}}}{r_{\pi1} + (1 + \beta_1) R_{\mathrm{E1}}} \cdot \left( \frac{R_{i1}}{R_{i1} + R_{\mathrm{S}}} \right)$$
$$= \frac{101 \times 6\mathrm{k\Omega}}{2.6\mathrm{k\Omega} + 101 \times 6} \cdot \left( \frac{85.9\mathrm{k\Omega}}{85.9\mathrm{k\Omega} + 10\mathrm{k\Omega}} \right) \tag{4.10}$$

即

$$A_{v1} = 0.892 \tag{4.11}$$

当输入信号峰值为 10mV 时缓冲级输出端峰值电压为 $v_{o1} = 8.92\mathrm{mV}$ 。

根据上述计算求得偏置电阻 $R_1 = 155\mathrm{k\Omega}$ 和 $R_2 = 282\mathrm{k\Omega}$ 。

**功率输出级**：如图 4.36 所示，功率输出级为射极跟随器放大电路。8Ω 的负载电阻经电容耦合至放大电路输出端。耦合电容确保输出端无直流通过。

当传送至负载的平均功率为 0.1W 时，$P_{\mathrm{L}} = i_{\mathrm{L}}^2 \times R_{\mathrm{L}}$ 即 $0.1\mathrm{W} = i_{\mathrm{L}}^2 \times 8\Omega$ ，求得负载电流有效值为 $i_{\mathrm{L}} = 0.112\mathrm{A}$ 。当信号为正弦波时输出电流峰值为 $i_{\mathrm{L}}$（峰值）$= 0.158\mathrm{A}$ ；输出电压峰值为 $v_{\mathrm{o}}$（峰值）$= 0.158\mathrm{A} \times 8\Omega = 1.26\mathrm{V}$ 。

假设输出功率晶体管电流增益 $\beta_4 = 50$ ，将晶体管静态参数设置为 $I_{\mathrm{EQ4}} = 0.3\mathrm{A}$ 和 $V_{\mathrm{CEQ4}} = 6\mathrm{V}$ 。

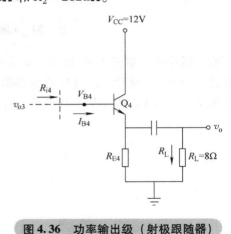

**图 4.36　功率输出级（射极跟随器）**

于是

$$R_{\mathrm{E4}} = \frac{V_{\mathrm{CC}} - V_{\mathrm{CEQ4}}}{I_{\mathrm{EQ4}}} = \frac{12\mathrm{V} - 6\mathrm{V}}{0.3\mathrm{A}} = 20\Omega \tag{4.12}$$

求得

$$I_{\mathrm{CQ4}} = \left( \frac{\beta_4}{1 + \beta_4} \right) \cdot I_{\mathrm{EQ4}} = \left( \frac{50}{51} \right) \times 0.3\mathrm{A} = 0.294\mathrm{A} \tag{4.13}$$

于是

$$r_{\pi4} = \frac{\beta_4 V_{\mathrm{T}}}{I_{\mathrm{CQ4}}} = \frac{50 \times 0.026\mathrm{V}}{0.294\mathrm{A}} = 4.42\Omega \tag{4.14}$$

所以输出级小信号电压增益为

$$A_{v4} = \frac{v_o}{v_{o3}} = \frac{(1+\beta_4)(R_{E4} \parallel R_L)}{r_{\pi4} + (1+\beta_4)(R_{E4} \parallel R_L)}$$

$$= \frac{(51)(20\Omega \parallel 8\Omega)}{4.42\Omega + (51)(20\Omega \parallel 8\Omega)} = 0.985 \tag{4.15}$$

与预期结果一致，输出级增益约为 1。如果规定峰值输出电压 $v_o = 1.26\text{V}$，则增益级输出端峰值电压应为 $v_{o3} = 1.28\text{V}$。

**增益放大级**：如图 4.37 所示，增益放大级采用两级共射放大电路。假设输入缓冲级通过电容耦合至增益放大级输入端，同时两放大级之间也通过电容耦合连接，增益放大级输出端直接耦合至功率输出级。

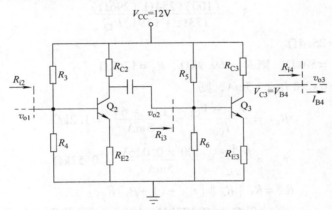

**图 4.37　增益放大级（两级共射放大电路）**

增益放大级包含射极电阻，用于稳定放大电路电压增益。假设每支晶体管的电流增益 $\beta = 100$，则放大级总增益必须为

$$\left| \frac{v_{o3}}{v_{o3}} \right| = \frac{1.28\text{V}}{0.00892\text{V}} = 144 \tag{4.16}$$

设计两级放大电路，使得各级电压增益分别为

$$|A_{v3}| = \left| \frac{v_{o3}}{v_{o2}} \right| = 5 \quad \text{和} \quad |A_{v2}| = \left| \frac{v_{o2}}{v_{o1}} \right| = 28.8$$

$Q_3$ 集电极直流电压为 $V_{C3} = V_{B4} = 6\text{V} + 0.7\text{V} = 6.7\text{V}[V_{BE4}(\text{on}) = 0.7\text{V}]$。输出晶体管的静态基极电流为 $I_{B4} = 0.294\text{V}/50\Omega$ 即 $I_{B4} = 5.88\text{mA}$。如果令 $Q_3$ 集电极电流为 $I_{CQ3} = 15\text{mA}$，则 $I_{RC3} = (15 + 5.88)\text{mA} = 20.88\text{mA}$。于是

$$R_{C3} = \frac{V_{CC} - V_{C3}}{I_{RC3}} = \frac{12\text{V} - 6.7\text{V}}{20.88\text{mA}} \Rightarrow 254\Omega \tag{4.17}$$

同时

$$r_{\pi 3} = \frac{\beta_3 V_{\mathrm{T}}}{I_{\mathrm{CQ3}}} = \frac{100 \times 0.026\mathrm{V}}{15\mathrm{mA}} \Rightarrow 173\Omega \tag{4.18}$$

整理得

$$\begin{aligned} R_{i4} &= r_{\pi 4} + (1 + \beta_4)(R_{\mathrm{E4}} \parallel R_{\mathrm{L}}) \\ &= 4.42\Omega + (51)(20\Omega \parallel 8\Omega) = 296\Omega \end{aligned} \tag{4.19}$$

共射放大电路包含射极电阻时小信号电压增益为

$$|A_{\mathrm{v3}}| = \left| \frac{v_{o3}}{v_{o2}} \right| = \frac{\beta_3(R_{\mathrm{C3}} \parallel R_{i4})}{r_{\pi 3} + (1 + \beta_3)R_{\mathrm{E3}}} \tag{4.20}$$

令 $|A_{\mathrm{v3}}| = 5$ 可得

$$5 = \frac{(100)(254\Omega \parallel 296\Omega)}{173\Omega + (191)R_{\mathrm{E3}}} \tag{4.21}$$

解得 $R_{\mathrm{E3}} = 25.4\Omega$。

设 $R_5 \parallel R_6 = 50\mathrm{k}\Omega$，则 $R_5 = 69.9\mathrm{k}\Omega$、$R_6 = 176\mathrm{k}\Omega$。

假定 $V_{\mathrm{C2}} = 6\mathrm{V}$ 和 $I_{\mathrm{CQ2}} = 5\mathrm{mA}$，则

$$R_{\mathrm{C2}} = \frac{V_{\mathrm{CC}} - V_{\mathrm{C2}}}{I_{\mathrm{CQ2}}} = \frac{12\mathrm{V} - 6\mathrm{V}}{5\mathrm{mA}} = 1.2\mathrm{k}\Omega \tag{4.22}$$

$$r_{\pi 2} = \frac{\beta_2 V_{\mathrm{T}}}{I_{\mathrm{CQ2}}} = \frac{100 \times 0.026\mathrm{V}}{5\mathrm{mA}} = 0.52\mathrm{k}\Omega \tag{4.23}$$

$$\begin{aligned} R_{i3} &= R_5 \parallel R_6 \parallel [r_{\pi 3} + (1 + \beta_3)R_{\mathrm{E3}}] \\ &= 50\mathrm{k}\Omega \parallel [0.173\mathrm{k}\Omega + 101 \times 0.0254\mathrm{k}\Omega] = 2.60\mathrm{k}\Omega \end{aligned} \tag{4.24}$$

电压增益表达式整理为

$$|A_{\mathrm{v2}}| = \left| \frac{v_{o2}}{v_{o1}} \right| = \frac{\beta_2(R_{\mathrm{C2}} \parallel R_{i3})}{r_{\pi 2} + (1 + \beta_2)R_{\mathrm{E2}}} \tag{4.25}$$

令 $|A_{\mathrm{v2}}| = 28.8$，即

$$28.8 = \frac{(100)(1.2\Omega \parallel 2.6\Omega)}{0.52\Omega + (101)R_{\mathrm{E2}}} \tag{4.26}$$

求得 $R_{\mathrm{E2}} = 23.1\Omega$。

如果假设 $R_3 \parallel R_4 = 50\mathrm{k}\Omega$，则 $R_3 = 181\mathrm{k}\Omega$、$R_4 = 69.1\mathrm{k}\Omega$。

**瞬态仿真测试**：对整体电路进行时域仿真分析，输入缓冲级、增益放大级、功率输出级仿真原理图，瞬态仿真设置，各种测试波形与数据分别如下图4.38~图4.43所示，当输入信号为10kHz、10mV时，输出电压最大值1.18V、最小值-1.19V，输出电压直流偏置-5mV；设计输出电压峰值为1.26V，仿真输出电压峰值误差约为-7%；负载平均功率为88mW，与设置值0.1W误差为12%。

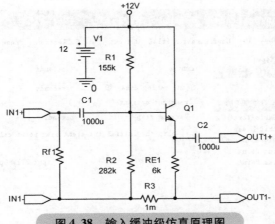

图 4.38　输入缓冲级仿真原理图

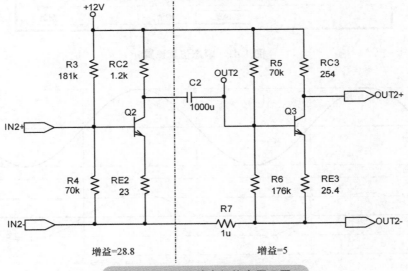

图 4.39　增益放大级仿真原理图

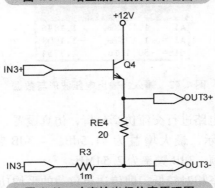

图 4.40　功率输出级仿真原理图

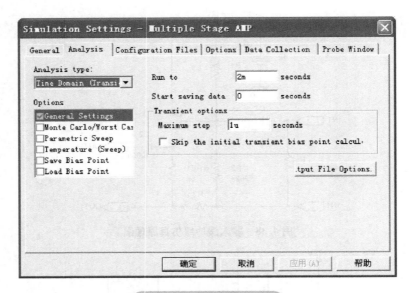

图 4.41　瞬态仿真设置

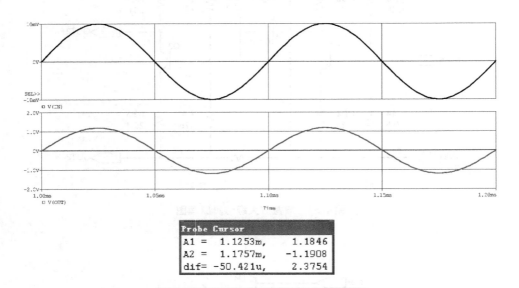

图 4.42　输入、输出电压波形与数据

**交流仿真测试**：对电路进行交流仿真分析，仿真设置、测试波形与数据分别如下图 4.44 ~ 图 4.45 所示，最大增益为 41.5dB；－ 3dB 带宽为 2.54MHz，低频 － 3dB 频率为 13Hz、高频 － 3dB 频率为 2.54MHz。

本设计中输出级效率相对较低，即传送至负载的平均功率与输出级损耗的平均功率相比较小，但是本设计体现多级放大电路的整个设计过程。采用分立元件搭建

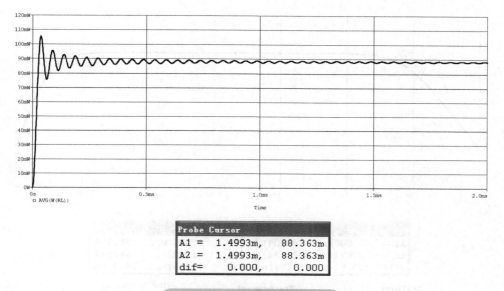

图 4.43 负载功率波形与数据

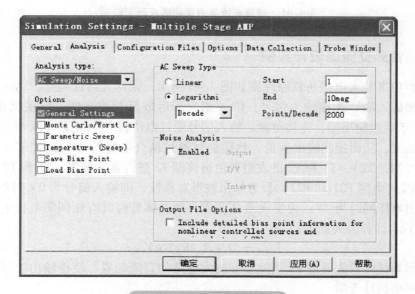

图 4.44 交流仿真设置

实际电路时必须采用标准值电阻，所以静态电流和电压将发生变化，于是总电压增益也将发生变化而偏离设计值。同样，实际所用晶体管的电流增益与设定值并非完全一致，因而最终设计时需要对电阻参数进行略微调整。

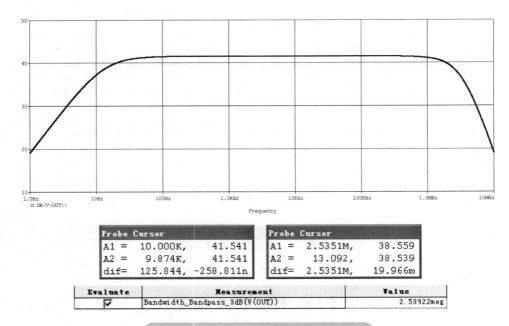

图 4.45  增益曲线与带宽测试波形与数据

## 4.1.5  音频交流源设计实例

音频功率放大电路仿真原理图如图 4.46 所示，采用元器件构建。IN + 相当于运放同相输入端，连接输入信号；IN – 相当于运放反相输入端，连接反馈信号；VO 相当于运放输出端，连接负载。输入信号通过电位器 P1（电阻 P11 和 P12）调节信号幅度，从而控制输出音量，然后信号通过耦合电容器（$C_1$）连接至差分放大电路（T1、T2），T1 和 T2 的发射极由恒流源 T3 进行直流偏置。T1 和 T2 之间的电位器 P2（电阻 P21 和 P22）设置输出波形对称性，即输入信号为 0V 时调节 P2，使得输出电压同时为 0V。为实现最佳音质，两晶体管应具有相同集电极电流。输出电压 $V_{OUT}$ 计算公式如下：

$$V_{OUT} = (1 + R_6/R_5) \times V_{IN} \tag{4.27}$$

实际调试时首先通过 P2 消除差分放大电路的直流偏置，使得输出波形正负对称，以产生最佳音质。

**恒流源设置**：发射极支路（T3）中的电流源设置为约 3mA，通过二极管 D1、D2 和电阻 $R_4$ 产生，以保证 T4 工作于线性状态，然后音频信号到达驱动级，T4 用于驱动强大功率的输出晶体管（T6 和 T7），电容 $C_4$ 用于提供更大的内部增益，T5 与 $R_9$ 将输出级静态电流设置为 5mA。假设输出晶体管增益为 50，则 32Ω 负载电阻两端的最大峰值电压为 $0.005A \times 50 \times 32\Omega = 8V$，但是恒流源 T5 以及输出限流电阻 $R_{10}/R_{11}$ 和 $R_{12}$ 对输出电压最大峰值均产生影响，综合考虑输出电压最大值 $V_{max}$ 为

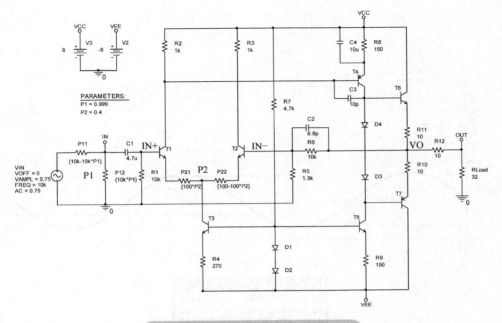

**图 4.46**　音频功率放大电路仿真原理图

$$V_{\max} = R_{\text{Load}} / (R_{\text{Load}} + R_{11} + R_{12}) \times (9 - 1.5)\text{V} = 4.6\text{V} \qquad (4.28)$$

可以得到输出电压有效值为 3.26V。

根据上述计算，当负载等效为 32Ω 电阻时，该电路能够提供最大功率 330mW，此功率足以保证绝大多数耳机音效震撼。当输出级连接电容负载时限制输出电流并保持电路稳定，例如采用长屏蔽电缆连接至耳机，同时电容负载可防止短路时输出晶体管过热。为满足音频带宽以及拐角频率，电容 $C_1$ 设置为 4.7μF，此时拐角频率约为 7Hz。

**瞬态测试**：输入信号幅值为 0.75V、10kHz 时，输入、输出电压波形与测试数据如下图 4.47 所示，输出电压最大值为 4.44V、最小值为 −4.27V，应调节 P2 消除输出直流偏置。

负载平均功率如图 4.48 所示，约为 300mW，与计算值 330mW 的误差约为 10%，该误差主要由低环路增益引起的输出电压降低导致，通过调节反馈电阻 $R_5$ 和 $R_6$ 进行输出功率调整。

**交流测试**：交流信号幅值为 0.75V，测试电路频率特性、仿真设置与频率特性曲线及 −3dB 带宽分别如下图 4.49 和图 4.50 所示，−3dB 带宽约为 2.2MHz，输出电压最大值约为 4.36V，所以放大倍数为 4.36V/0.75V = 5.81，与计算值 $\dfrac{R_5 + R_6}{R_5} \times \dfrac{R_{\text{Load}}}{R_{\text{Load}} + R_{12}} = \dfrac{11.5\text{k}\Omega}{1.5\text{k}\Omega} \times \dfrac{32\Omega}{42\Omega} = 5.84$ 基本一致。

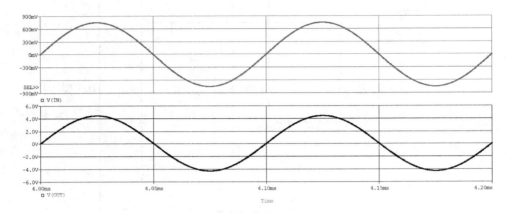

| Probe Cursor | | |
|---|---|---|
| A1 = | 4.0250m, | 4.4445 |
| A2 = | 4.0754m, | -4.2747 |
| dif= | -50.402u, | 8.7192 |

图 4.47　输入、输出电压波形与峰值电压值

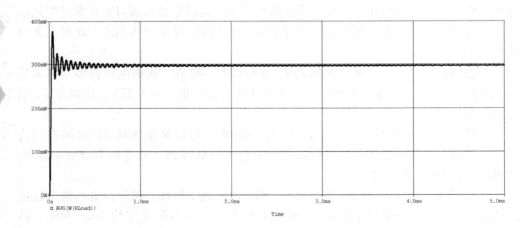

图 4.48　负载平均功率

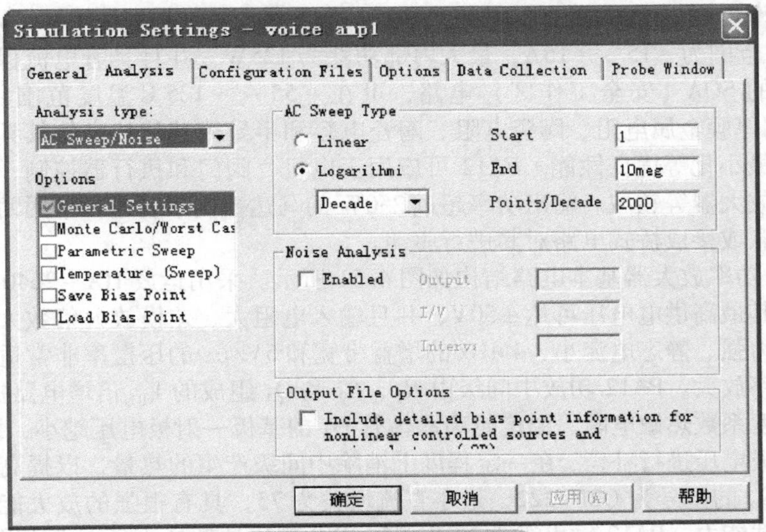

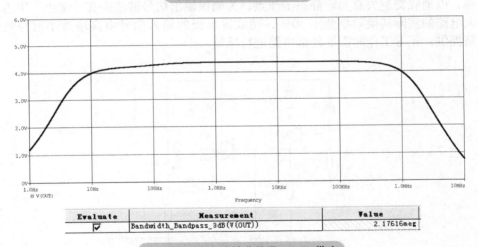

图 4.49　交流仿真设置

| Evaluate | Measurement | Value |
|---|---|---|
| ☑ | Bandwidth_Bandpass_3dB(V(OUT)) | 2.17616meg |

图 4.50　频率特性曲线及 -3dB 带宽

## 4.2 集成功放交流源

通用集成功率放大器（简称功放）均由高增益小信号放大电路与甲乙类输出级串联构成，经常集成在芯片上，并且拥有固定增益负反馈电路；另一些则使用芯片外部电流增益输出级和负反馈构成。本节主要分析集成功率放大器应用实例。

### 4.2.1 PA12 功率放大器及其应用

PA12 为一款高压、大电流输出的大功率线性运放，用于驱动阻抗、容抗和感抗等大功率负载。PA12 具有良好的线性度，电源电压 $V_S$ 范围为 10 ~ 50V，输出电流峰值 $I_L$ 范围为 - 15 ~ +15A，最大内部功耗为 125W，并且具有电流保护和监控内部工况的 SOA（安全工作区）电路，可在 - 55 ~ + 125℃ 温度范围稳定工作。PA12 利用厚膜金属电阻、陶瓷电阻、陶瓷电容和半导体芯片技术使其具有高可靠性、体积最小化等优良性能。PA12 可应用于电机、阀门和执行器控制、磁偏转电路、音频放大器等领域。输出功率超过 250W 的马达控制系统通常采用两个或者多个功放并联或接成桥式电路对其进行驱动。

　　PA12 功率放大器基本电路结构如图 4.51 所示。采用运放 HA - 2640 作为功放输入级，其最高供电电压可达 ±50V，并且输入电阻大、差模放大倍数大、抑制共模信号能力强、静态电流小，4MHz 的增益带宽和 5V/μs 的压摆率非常适合处理小信号的功率放大。PA12 功放中间级由 $R_1$、$R_2$ 和 $Q_4$ 组成的 $V_{BE}$ 倍增电路提供偏置，采用负温度系数热敏电阻，温度越高晶体管 $Q_4$ 的基极—射极电压越小，以便对 $Q_4$ 基极—射极电压进行补偿，在一定程度上消除中间级产生的热量，以提高功放整体可靠性。$Q_4$ 的型号为 Q2N2222，最小直流增益为 75，具有很强的放大能力。为提高输出带载能力，PA12 输出级为 NPN 型和 PNP 型达林顿晶体管构成的甲乙类放大电路，以消除交越失真稳定静态工作点，为确保输出信号谐波失真尽量小，甲乙类放大电路的实际转换效率低于 50%，功放输出级的输入信号由高增益小信号放大电路提供，正常工作时需要外部电路进行反馈。

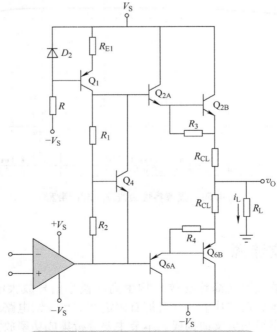

**图 4.51    PA12 功率放大器基本电路结构**

　　PA12 采用 8 脚 TO - 3 封装形式，其内部电路与外形封装具体如图 4.52 所示，此类封装方式具有良好的密封性和电绝缘性。PA12 通过引脚 3 和引脚 6 采用正负双电源供电；引脚 4 为同相输入端；引脚 5 为反相输入端；引脚 1 为输出端；引脚 2 和引脚 8 为输出限流端，通过外接限流电阻 $R_{CL}$ 至输出端进行输出最大电流限制，此时最大限流值由限流电阻确定而与电路寄生电阻无关；限流值 $I_{CL}$ 与限流电阻 $R_{CL}$ 的近似关系如下：$I_{CL} = 0.65/R_{CL}$、$R_{CL} = 0.65/I_{CL}$。当引脚 7 与地之间连接电阻 $R_{FO}$ 时可提供电流折返保护，此时限流值 $I_{CL}$ 计算公式为

$$I_{CL} = \frac{0.65 + \dfrac{V_O \times 0.14}{10.14 + R_{FO}}}{R_{CL}}$$

式中，$V_O$ 为输出电压；$R_{FO}$ 单位为 k$\Omega$。

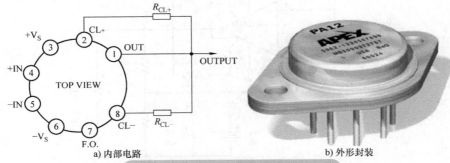

a) 内部电路　　　　　　　　　　　　　b) 外形封装

**图 4.52　PA12 内部电路与外形封装**

下面结合设计实例进行供电电压计算与电路性能仿真测试：

**设计目标**：设计 PA12 功率放大器，使其满足特定输出功率与转换效率。

**设计指标**：输入信号频率 10kHz、幅值 2V，负载电阻为 10$\Omega$，当传输至负载的平均功率为 20W 时计算电源电压，并使得转换效率为 50%，最后进行电路仿真测试。

**设计过程**：为负载提供 20W 平均功率时输出电压峰值为

$$V_p = \sqrt{2R_L P_L} = \sqrt{2 \times 10\Omega \times 20W} = 20V \tag{4.29}$$

负载电流峰值为

$$I_p = \frac{V_p}{R_L} = \frac{20V}{10\Omega} = 2A \tag{4.30}$$

假设工作于理想甲乙类功放状态，为达到 50% 的转换效率，$\pm V_S$ 两路电源提供的平均功率必须为 20W。如果忽略偏置电路功耗，则每路电源提供的平均功率为

$$P_S = V_S \left( \frac{V_p}{\pi R_L} \right) \tag{4.31}$$

于是所需电源电压为

$$V_S = \frac{\pi R_L P_S}{V_p} = \frac{\pi \times 10\Omega \times 20W}{20V} = 31.4V \tag{4.32}$$

电路放大倍数为

$$Gain = \frac{20V}{2V} = 10 \tag{4.33}$$

设限流值为 3A，晶体管的 $V_{be} = 0.65\text{V}$，则限流电阻为

$$R_{CL} = V_{be}/I_{CL} = 0.65\text{V}/3\text{A} \approx 0.22\Omega \qquad (4.34)$$

**计算机仿真验证**：下图 4.53 ~ 图 4.56 分别为 20W 功放设计电路仿真原理图、瞬态与失真测试仿真设置、输入与输出电压和平均功率波形、总谐波失真数据。当输入信号为 2V 时电路实现 10 倍放大，输出电压幅值为 20V，此时输出平均功率为 20W，输入平均功率约为 45W，效率约为 44.4%，略低于设计值 50%，输出电压直流分量约为 -19mV，总谐波失真优于 0.1%。

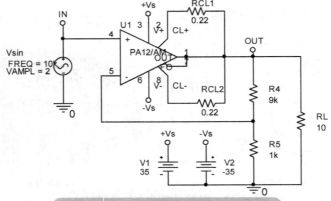

**图 4.53　20W 功放设计电路仿真原理图**

**图 4.54　瞬态与失真测试仿真设置**

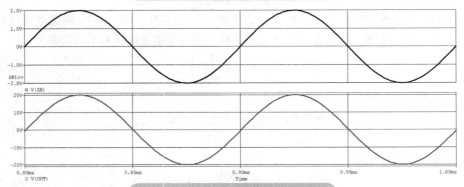

**图 4.55　输入、输出电压波形**

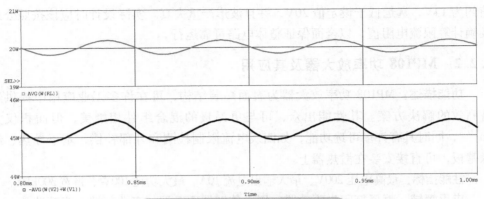

**图 4.56  输入与输出平均功率波形**

输出电压 V（OUT）总谐波失真测试结果：

DC COMPONENT = − 1.884134E − 02

| NO | HARMONIC FREQUENCY (HZ) | FOURIER COMPONENT | NORMALIZED COMPONENT | PHASE (DEG) | NORMALIZED PHASE (DEG) |
|---|---|---|---|---|---|
| 1 | 1.000E + 04 | 2.001E + 01 | 1.000E + 00 | − 1.379E + 00 | 0.000E + 00 |
| 2 | 2.000E + 04 | 9.701E − 04 | 4.849E − 05 | − 2.243E − 01 | 2.533E + 00 |
| 3 | 3.000E + 04 | 3.313E − 03 | 1.656E − 04 | − 9.123E + 01 | − 8.710E + 01 |
| 4 | 4.000E + 04 | 1.868E − 04 | 9.336E − 06 | − 8.812E + 01 | − 8.261E + 01 |
| 5 | 5.000E + 04 | 2.247E − 03 | 1.123E − 04 | − 9.173E + 01 | − 8.483E + 01 |
| 6 | 6.000E + 04 | 1.886E − 04 | 9.426E − 06 | − 9.365E + 01 | − 8.538E + 01 |
| 7 | 7.000E + 04 | 1.995E − 03 | 9.971E − 05 | − 9.264E + 01 | − 8.299E + 01 |
| 8 | 8.000E + 04 | 1.849E − 04 | 9.242E − 06 | − 9.456E + 01 | − 8.353E + 01 |
| 9 | 9.000E + 04 | 1.883E − 03 | 9.415E − 05 | − 9.408E + 01 | − 8.167E + 01 |

TOTAL HARMONIC DISTORTION = 2.479122E − 02 PERCENT

图 4.57 为限流电阻 $R_{CL1} = R_{CL2} = 0.5\Omega$ 时的输出电压波形，此时输出电压峰

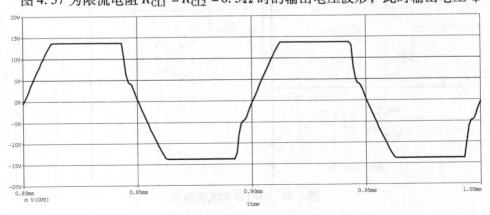

**图 4.57  当限流电阻为 $0.5\Omega$ 时的输出电压波形**

值约为 14V，远远低于设定值 20V，并且波形严重失真。实际设计时应该按照公式准确计算限流电阻值，以全面保证整体电路可靠运行。

## 4.2.2　MP108 功率放大器及其应用

**功能描述**：MP108 功率放大器为表面贴装结构，可在许多工业应用中提供经济高效的解决方案。其性能出众，可与更昂贵的混合组件相媲美，但面积仅为 $4\text{in}^2$[⊖]，同时具有许多可选功能，如四线电流限制检测和外部补偿，基于导热、绝缘基板，可直接安装在散热器上。

**性能指标**：最高电压 200V、最大输出电流 10A、最大功耗 100W、带宽 300kHz。

**应用领域**：喷墨打印头驱动器、压力传感器驱动器、工业仪器、音频功放。

**工作原理**：MP108 仿真原理图如图 4.58 所示，主要由输入级、驱动级和功率输出级构成。输入级中的偏置电路完成偏置电流设置，使得整体电路获得稳定的静态工作点，输入信号 −IN 和 +IN 通过电阻 R9 和 R12 连接至 JFET 的门级，实现高阻

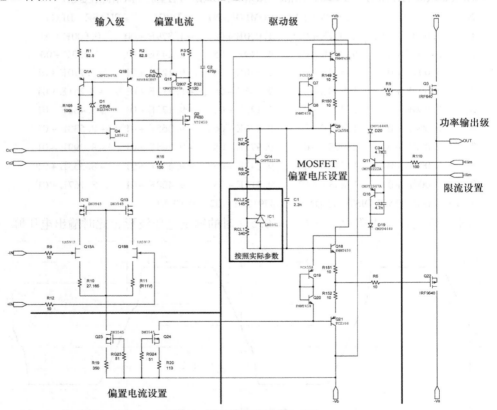

**图 4.58　MP108 仿真原理图**

---

⊖　$1\text{in}^2 = 6.4516 \times 10^{-4}\,\text{m}^2$。

输入；R10 和 R11 调节输入级静态偏置，从而实现输出电压零位校准；驱动级由晶体管驱动电路、电压偏置电路和输出限流电路构成，偏置电路使得输出级 MOS-FET 无死区工作，从而减小输出电压交越失真；+ Ilim 和 − Ilim 连接外部限流电阻，实现输出限流并且完成 MP108 以及输出负载保护，当限流电阻两端电压超过 0.6V 时限流电路开始起作用，将输出电流限制为恒定值。

　　**直流低压测试**：供电电压为 9V、输入直流电压为 1V 时测试输出电压和放大倍数是否准确，此时输出电压为 − 10V，说明电路工作正常。直流低压测试电路仿真原理图如图 4.59 所示，直流低压测试输出电压波形如图 4.60 所示。

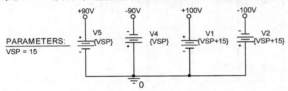

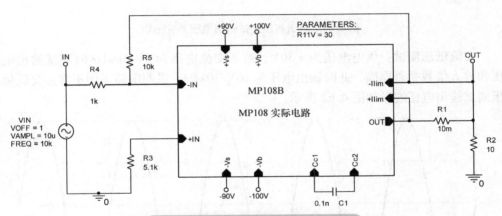

**图 4.59　直流低压测试电路仿真原理图**

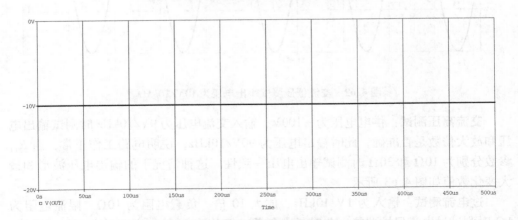

**图 4.60　直流低压测试输出电压为 − 10V**

**直流高压测试**：供电电压为 9V、输入直流电压为 9V 时测试输出电压和放大倍数是否准确，此时输出电压为 -90V，说明电路工作正常。直流高压测试输出电压波形如图 4.61 所示。

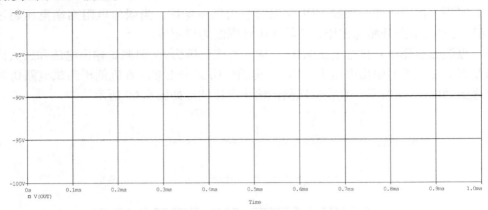

**图 4.61　直流高压测试输出电压为 -90V**

**交流低压测试**：供电电压为 ±30V、输入交流电压为 1V/10kHz 时测试输出电压和放大倍数是否准确，此时输出电压为 10V/10kHz，说明电路工作正常。交流低压测试输出电压波形如图 4.62 所示。

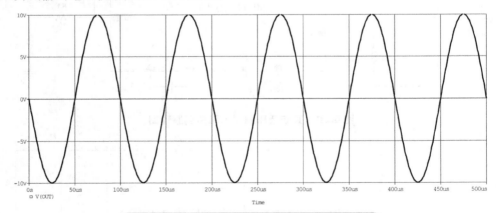

**图 4.62　交流低压测试输出电压为 10V/10kHz**

**交流高压测试**：供电电压为 ±100V、输入交流电压为 9V/10kHz 时测试输出电压和放大倍数是否准确，此时输出电压为 90V/10kHz，说明电路工作正常，当 $R_{11}$ 参数分别为 10Ω 和 30Ω 时测试输出电压一致性。这种情况下的输出电压波形和最大变化数值如图 4.63 所示。

**过电流测试**：输入为 1V/10kHz、放大 10 倍、负载电阻为 10Ω、限流电阻为 1Ω 时测试过电流保护功能，此时最大负载电流约为 0.6A，实现过电流保护功能。

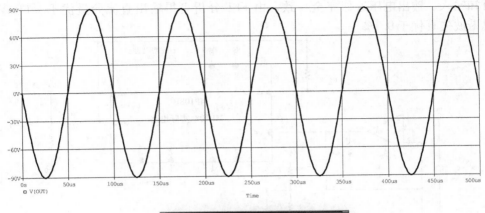

| Probe Cursor | | |
|---|---|---|
| A1 = 875.248u, | | 90.641 |
| A2 = 875.248u, | | 89.992 |
| dif= | 0.000, | 648.383m |

图 4.63　交流高压测试输出电压为 90V/10kHz、$R_{11}$ 为 10Ω 和 30Ω 时输出电压最大变化 648mV

低压过电流测试波形如图 4.64 所示。

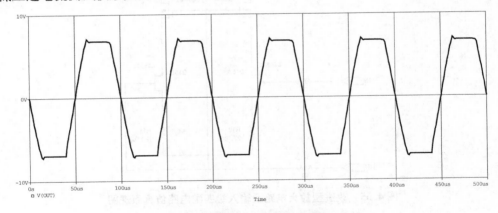

图 4.64　低压过电流测试波形

　　**性能改进**：由于 MP108 内部输入级电阻 $R_{10}$ 和 $R_{11}$ 在芯片制造过程中存在偏差，所以进行高倍放大时存在输出直流偏置电压并且波形失真增大，利用图 4.65 改进型电路将上述误差降低。正常工作时 MP108 完成 10 倍同相放大，U4 对输出电压进行 1/10 采样，然后由 U2 进行输出反馈控制，因为 U2 和 U4 的输入偏置电压非常低，所以输出电压能够完全跟随输入电路，使得输出端得到高保真的放大信号。改进型放大电路及输入级匹配电路仿真原理图如图 4.65 所示。由图 4.66 仿真波形可知输入、输出电压近似完全一致，由 FFT 分析可得输出直流分量优于 $-11\text{mV}$、总谐波失真优于 $0.1\%$。

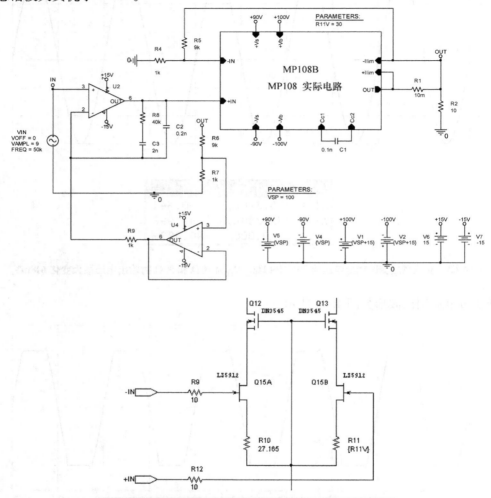

**图 4.65  改进型放大电路及输入级匹配电路仿真原理图**

$R_{11}=30\Omega$ 时输出电压 V（OUT）FFT 测试结果如下：

DC COMPONENT $= -1.143797E-02$

| HARMONIC NO | FREQUENCY (HZ) | FOURIER COMPONENT | NORMALIZED COMPONENT | PHASE (DEG) | NORMALIZED PHASE (DEG) |
|---|---|---|---|---|---|
| 1 | $5.000E+04$ | $9.036E+01$ | $1.000E+00$ | $-1.083E-01$ | $0.000E+00$ |
| 2 | $1.000E+05$ | $2.215E-02$ | $2.451E-04$ | $-9.861E+01$ | $-9.840E+01$ |
| 3 | $1.500E+05$ | $2.702E-02$ | $2.990E-04$ | $-3.093E+00$ | $-2.768E+00$ |
| 4 | $2.000E+05$ | $2.359E-02$ | $2.611E-04$ | $-1.074E+02$ | $-1.069E+02$ |
| 5 | $2.500E+05$ | $2.673E-02$ | $2.958E-04$ | $-3.062E+00$ | $-2.521E+00$ |
| 6 | $3.000E+05$ | $2.436E-02$ | $2.696E-04$ | $-1.190E+02$ | $-1.183E+02$ |

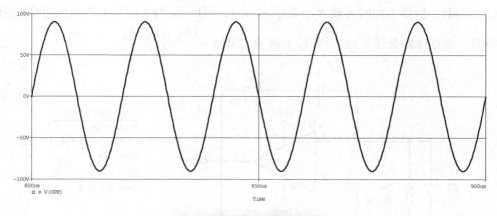

Probe Cursor
| B1 = 844.957u, | 90.319 |
| B2 = 844.957u, | 90.338 |
| dif= | 0.000, | −19.205m |

**图 4.66　50kHz/10 倍放大时输出波形：$R_{11}$ 为 10Ω 和 30Ω 时输出电压最大变化 19mV**

| 7 | 3.500E + 05 | 3.476E − 02 | 3.847E − 04 | − 1.094E + 01 | − 1.018E + 01 |
| 8 | 4.000E + 05 | 2.545E − 02 | 2.817E − 04 | − 1.322E + 02 | − 1.313E + 02 |
| 9 | 4.500E + 05 | 4.414E − 02 | 4.886E − 04 | − 2.140E + 01 | − 2.043E + 01 |

TOTAL HARMONIC DISTORTION  = 9.185786E − 02 PERCENT

## 4.3 分立元件正弦波发生电路

### 4.3.1　文氏桥正弦波振荡电路

典型文氏桥正弦波振荡电路仿真原理图如图 4.67 所示，当电阻 $R_2 > 2R_1$ 时，电路开始起振，并且振荡幅值不断增大，二极管 D1 和 D2 进入交替半周导通状态，当二极管完全导通并且 R2 ∥ R5 < $2R_1$ 时电路正常运行；输出电压达到最大值之前振幅将自动稳定在二极管导通的某个中间状态，使得电阻 $R_2$、$R_5$ 和二极管构成的等效电阻为 $R_1$ 阻值的 2 倍，所以电阻 $R_5$ 和二极管 D1、D2 实现输出限幅功能。电阻$R_3 = R_4 = R_{val}$、电容 $C_1 = C_2 = C_{val}$，振荡频率 $F_{req} = \dfrac{1}{2\pi R_{val} C_{val}}$，此时 $R_{val} = \dfrac{1}{2\pi F_{req} R_{val}}$，即电阻阻抗等于电容容抗。

图 4.67 为文氏桥正弦波振荡电路，输出幅度参数中 $V_{OUT}$ 为输出电压；$V_D$ 为二极管导通压降；$V_H$ 为振荡输出时电阻 $R_2$ 两端电压，因为 $R_2$ 电压为 $R_1$ 电压的 2 倍，所以 $V_H = \dfrac{2}{3} \times V_{OUT}$；$R_{5v}$ 为电阻 $R_5$ 的参数值，因为电阻 $R_2 = \{R_w\} = 40\text{k}\Omega$、

$R_1 = 10\text{k}\Omega$，振荡工作时等效 $R_2 = 2R_1 = 20\text{k}\Omega$，所以 $R_5$ 与二极管的串联电阻值应为 $40\text{k}\Omega$，根据电阻分压原理求得 $R_5$ 电阻值为 $\text{R5v} = \dfrac{(V_\text{H} - V_\text{D})R_\text{w}}{V_\text{H}}$。

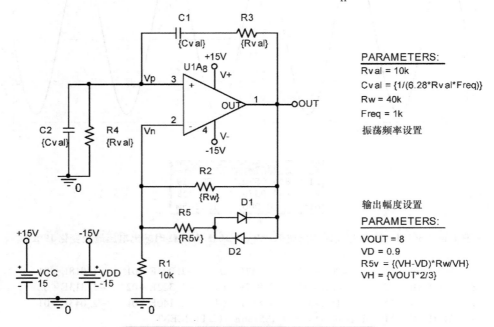

**图 4.67    文氏桥正弦波振荡电路仿真原理图**

文氏桥正弦波振荡电路仿真元器件列表以及各元器件功能见表 4.1。首先对电路进行瞬态仿真分析，仿真设置和仿真波形分别如下图 4.68～图 4.75 所示。

**表 4.1    文氏桥正弦波振荡电路仿真元器件列表**

| 编号 | 名称 | 型号 | 参数 | 库 | 功能注释 |
| --- | --- | --- | --- | --- | --- |
| R1 | 电阻 | R | 10k | ANALOG | 反馈电阻 |
| R2 | 电阻 | R | 40k | ANALOG | 反馈电阻 |
| R3、R4 | 电阻 | R | {Rval} | ANALOG | 频率设置 |
| R5 | 电阻 | R | {R5v} | ANALOG | 输出限幅 |
| C1、C2 | 电容 | C | {Cval} | ANALOG | 频率设置 |
| D1、D2 | 二极管 | D1N914 | | DIODE | 输出限幅 |
| U1A | 运放 | TL072 | | TEX_INST | 放大 |
| VCC | 直流电压源 | VDC | 15 | SOURCE | 正供电电源 |
| VDD | 直流电压源 | VDC | −15 | SOURCE | 负供电电源 |
| PARAM | 参数 | PARAM | 见图 4.68 | SPECIAL | 参数设置 |
| 0 | 接地 | 0 | | SOURCE | 绝对零 |

图 4.70 为正弦波电压波形，文氏桥振荡电路需要短暂的起振时间，所以在开始约

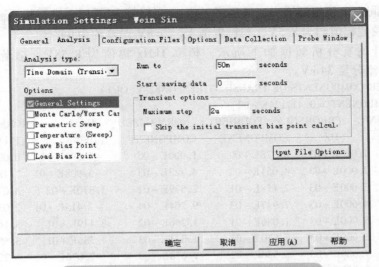

图 4.68　文氏桥正弦波振荡电路瞬态仿真设置

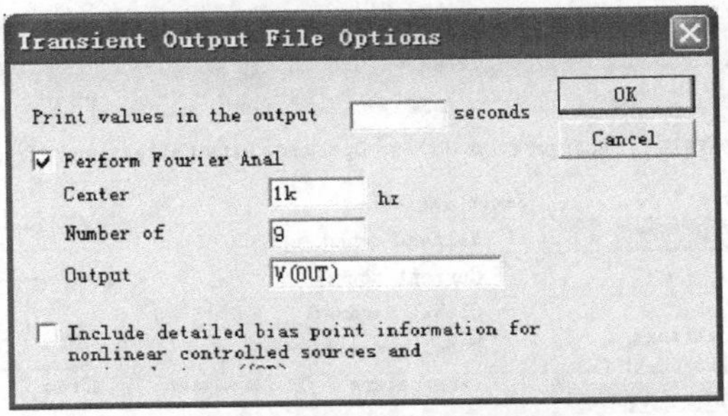

图 4.69　傅里叶仿真设置

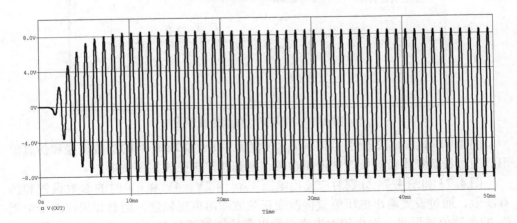

图 4.70　输出正弦波电压波形

10ms 的时间内电压逐渐增大，然后通过 $R_5$、二极管 D1 和 D2 进行稳压输出。稳定后输出正弦波幅值约为 8.5V，与设置值 $V_{OUT}=8V$ 误差约为 6%。

傅里叶仿真分析数据如下所示，频率 1kHz 幅值为 8.58V，总谐波失真约 3.0%，直流分量 34mV。

FOURIER COMPONENTS OF TRANSIENT RESPONSE V(OUT)

DC COMPONENT $=3.411124E-02$

| HARMONIC NO | FREQUENCY (HZ) | FOURIER COMPONENT | NORMALIZED COMPONENT | PHASE (DEG) | NORMALIZED PHASE (DEG) |
|---|---|---|---|---|---|
| 1 | 1.000E+03 | 8.578E+00 | 1.000E+00 | $-5.698E+01$ | 0.000E+00 |
| 2 | 2.000E+03 | 4.051E-02 | 4.723E-03 | $-3.908E+01$ | 7.488E+01 |
| 3 | 3.000E+03 | 2.178E-01 | 2.539E-02 | 1.370E+02 | 3.079E+02 |
| 4 | 4.000E+03 | 7.947E-03 | 9.264E-04 | $-2.415E+01$ | 2.038E+02 |
| 5 | 5.000E+03 | 1.086E-01 | 1.266E-02 | 3.119E+01 | 3.161E+02 |
| 6 | 6.000E+03 | 8.870E-03 | 1.034E-03 | 1.335E+01 | 3.552E+02 |
| 7 | 7.000E+03 | 6.586E-02 | 7.678E-03 | $-7.076E+01$ | 3.281E+02 |
| 8 | 8.000E+03 | 8.291E-03 | 9.665E-04 | $-1.938E+01$ | 4.365E+02 |
| 9 | 9.000E+03 | 3.998E-02 | 4.661E-03 | 1.698E+02 | 6.826E+02 |

TOTAL HARMONIC DISTORTION $=3.017968E+00$ PERCENT

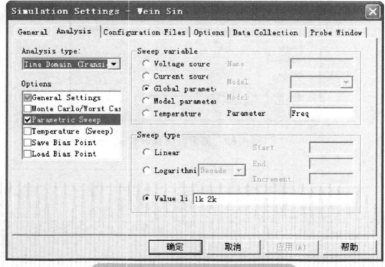

图 4.71    频率 $F_{req}$ 参数仿真设置

图 4.71 和图 4.72 分别为频率 $F_{req}$ 设置为 1kHz 和 2kHz 时的参数设置和仿真波形，通过设置频率值直接改变谐振参数，得到所需正弦波振荡波形。

图 4.73 和图 4.74 分别对应输出电压 $V_{OUT}$ 为 2V、4V 和 6V 时的参数设置和仿真波形，通过设置输出电压值直接改变正弦波输出电压幅度，但是如果仅改变电阻 $R_5$ 的参数值波形将会发生较大失真，所以最佳幅值调节方式为同时调整电阻 $R_2$ 和 $R_5$ 的参数。

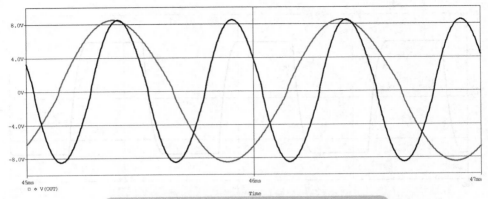

图 4.72 频率 $F_{req}$ 分别为 1kHz 和 2kHz 时输出波形

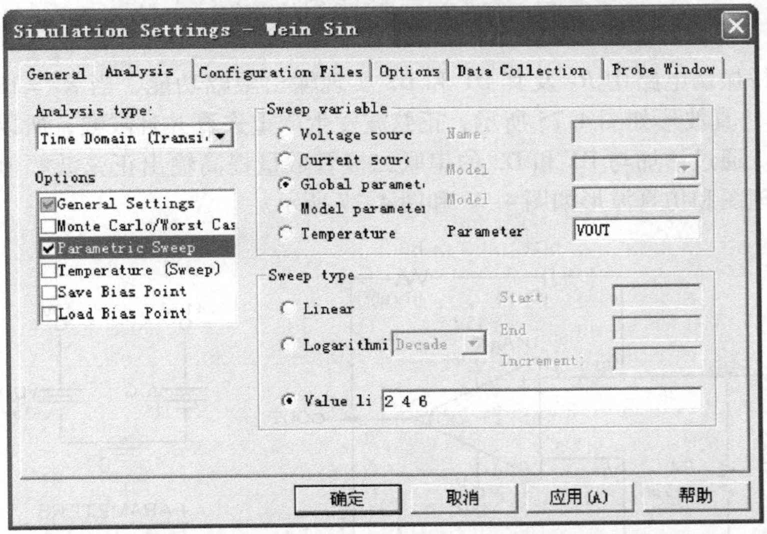

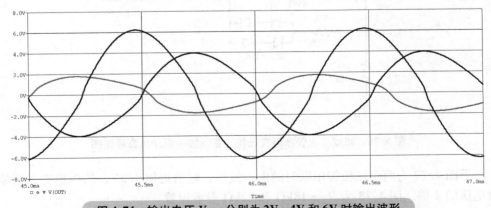

图 4.73 输出电压 $V_{OUT}$ 分别为 2V、4V 和 6V 时参数仿真设置

图 4.74 输出电压 $V_{OUT}$ 分别为 2V、4V 和 6V 时输出波形

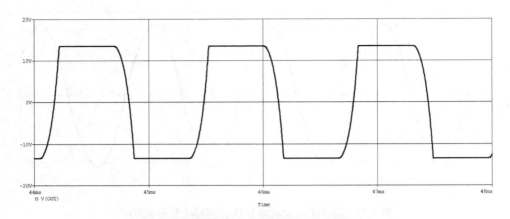

图 4.75  $R_5 = 100\text{M}\Omega$ 时仿真波形

　　文氏桥振荡电路中 $R_5$ 及其 D1 和 D2 实现输出限幅功能，当 $R_5 = 100\text{M}\Omega$，即 $R_5$ 断开时仿真波形如图 4.75 所示，正弦波发生严重失真并且限幅，所以限幅电路非常重要。通过增加与 D1 和 D2 的串联二极管数量提高输出正弦波幅值，具体电路仿真原理图和仿真波形如图 4.76 和图 4.77 所示。

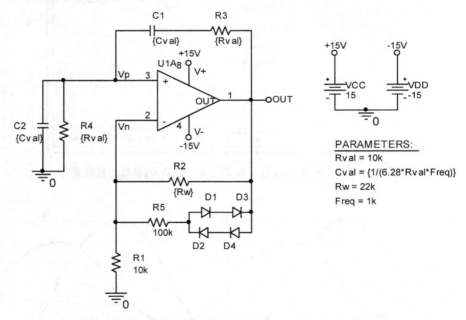

图 4.76  限幅二极管串联文氏桥正弦波振荡电路仿真原理图

　　下图 4.77 为两个二极管串联时的电压波形，幅值近似 4.2V，约为单二极管幅值电压的 2 倍。图 4.78 为 $R_w = 18\text{k}\Omega$ 和 $22\text{k}\Omega$ 参数设置。

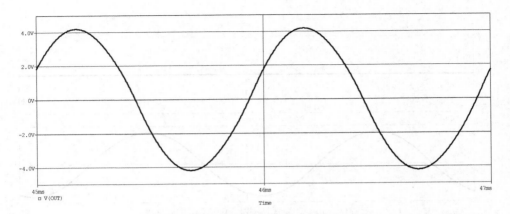

图 4.77　两个二极管串联时的电压波形

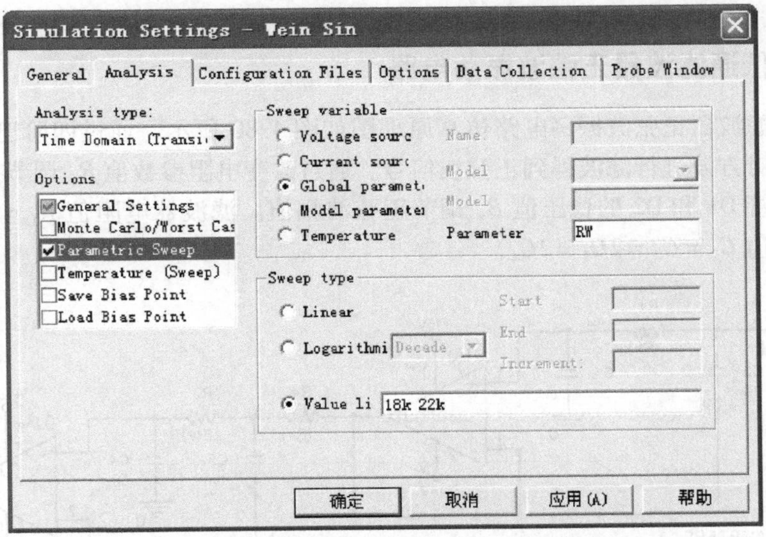

图 4.78　$R_w = 18\text{k}\Omega$ 和 22kΩ 参数设置

图 4.79 中 V（OUT）@1 为 $R_w = 18\text{k}\Omega$ 的仿真波形，为一条直线，因为 $R_2 < 2R_1$；V（OUT）@2 为 $R_w = 22\text{k}\Omega$ 的仿真波形，为标准正弦波，因为 $R_2 > 2R_1$，所以文氏桥振荡电路的起振条件非常重要。另外 $R_2$ 和 $R_5$ 的电阻值直接影响正弦波形质量，实际应用时务必根据具体频率和峰值幅值严格选择电阻及其电容参数值。该电路输出电压对二极管 D1 和 D2 正向压降 $V_D$ 非常灵敏，实际设计时应该首先测试 $V_D$，然后再具体计算其他电阻值。

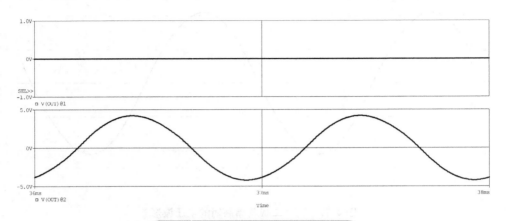

图 4.79  $R_w = 18\text{k}\Omega$ 和 $22\text{k}\Omega$ 仿真波形

## 4.3.2  低通滤波器正弦波振荡电路

低通滤波器正弦波振荡电路仿真原理图如图 4.80 所示，通过四阶巴特沃斯低通滤波器对方波进行滤波得到正弦波信号。通过改变电阻参数值 $R_v$ 调节振荡频率，改变稳压管 D1 和 D2 的稳压值 $B_v$ 调节正弦波幅值。滤波器电阻值 $R_1 = R_2 = R_3 = R_4$、电容值 $C_2 = C_3 = 2C_1 = 2C_4$。

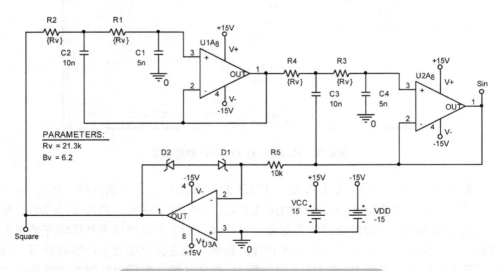

图 4.80  低通滤波器正弦波振荡电路仿真原理图

低通滤波器正弦波振荡电路仿真元器件列表以及各元器件功能见表4.2。首先对电路进行瞬态仿真分析，仿真设置和仿真波形分别如图4.81、图4.82和图4.83所示。

表 4.2　低通滤波器正弦波振荡电路仿真元器件列表

| 编号 | 名称 | 型号 | 参数 | 库 | 功能注释 |
|------|------|------|------|-----|----------|
| R1—R4 | 电阻 | R | {Rv} | ANALOG | 滤波电阻 |
| R5 | 电阻 | R | 10k | ANALOG | 限流电阻 |
| C1、C4 | 电容 | C | 5n | ANALOG | 滤波电容 |
| C2、C3 | 电容 | C | 10n | ANALOG | 滤波电容 |
| D1、D2 | 稳压管 | D1N4735 | | DIODE | 输出限幅 |
| U1A、U2A | 运放 | TL072 | | TEX_INST | 滤波 |
| U3A | 运放 | TL072 | | TEX_INST | 比较 |
| VCC | 直流电压源 | VDC | 15 | SOURCE | 正供电电源 |
| VDD | 直流电压源 | VDC | −15 | SOURCE | 负供电电源 |
| PARAM | 参数 | PARAM | 见图4.80 | SPECIAL | 参数设置 |
| 0 | 接地 | 0 | | SOURCE | 绝对零 |

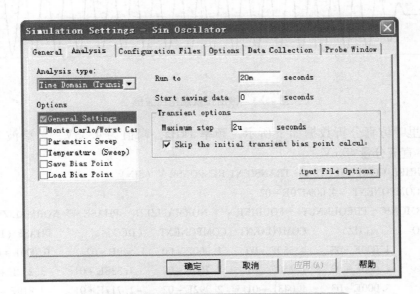

图 4.81　低通滤波器正弦波振荡电路瞬态仿真设置

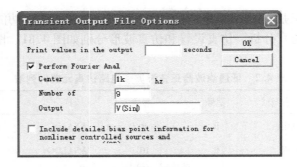

图 4.82    傅里叶仿真设置

图 4.83 为输出正弦波电压波形，低通滤波器振荡电路需要短暂起振时间，所以在开始约 5ms 时间内电压逐渐增大，然后通过稳压管 D1 和 D2 进行稳压输出。输出方波通过四阶巴特沃斯低通滤波器进行滤波，最后输出标准正弦波。

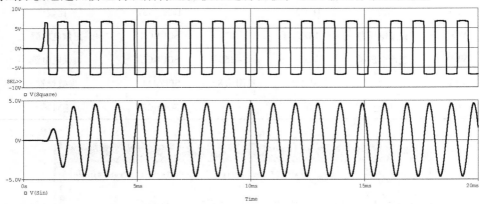

图 4.83    输出正弦波电压波形

傅里叶仿真分析数据如下所示，频率 1kHz，幅值为 4.55V，总谐波失真约 4.0%，直流分量 40mV。

FOURIER COMPONENTS OF TRANSIENT RESPONSE V（SIN）

DC COMPONENT ＝4.009470E－02

| HARMONIC NO | FREQUENCY (HZ) | FOURIER COMPONENT | NORMALIZED COMPONENT | PHASE (DEG) | NORMALIZED PHASE (DEG) |
|---|---|---|---|---|---|
| 1 | 1.000E＋03 | 4.550E＋00 | 1.000E＋00 | 1.549E＋02 | 0.000E＋00 |
| 2 | 2.000E＋03 | 1.258E－01 | 2.766E－02 | －1.338E＋01 | －3.232E＋02 |
| 3 | 3.000E＋03 | 1.043E－01 | 2.292E－02 | －1.717E＋01 | －4.819E＋02 |
| 4 | 4.000E＋03 | 4.508E－02 | 9.907E－03 | －4.600E＋00 | －6.242E＋02 |
| 5 | 5.000E＋03 | 3.479E－02 | 7.645E－03 | －7.452E＋00 | －7.820E＋02 |
| 6 | 6.000E＋03 | 2.971E－02 | 6.529E－03 | －1.215E＋00 | －9.306E＋02 |

| 7 | 7.000E + 03 | 2.486E - 02 | 5.464E - 03 | - 4.749E - 01 | - 1.085E + 03 |
| 8 | 8.000E + 03 | 2.221E - 02 | 4.881E - 03 | 1.856E - 01 | - 1.239E + 03 |
| 9 | 9.000E + 03 | 1.962E - 02 | 4.312E - 03 | 1.031E + 00 | - 1.393E + 03 |

TOTAL HARMONIC DISTORTION = 3.951806E + 00 PERCENT

图 4.84 和图 4.85 分别为 $R_v$ = 10kΩ 和 20kΩ 时仿真波形，对应频率分别为 1.1kHz 和 2.15kHz，频率与电阻值近似成线性对应关系。

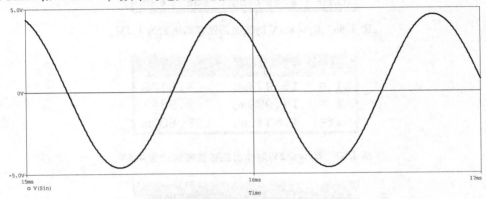

**图 4.84　$R_v$ = 10kΩ 时频率为 1.1kHz**

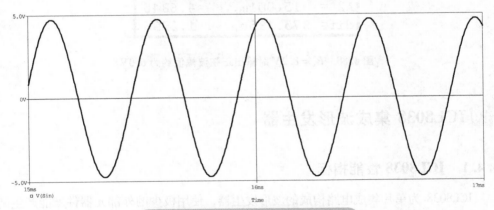

**图 4.85　$R_v$ = 20kΩ 时频率为 2.15kHz**

稳压管 D1 和 D2 模型如下，通过改变稳压管稳压参数 $B_v$ 调节输出电压幅值。

.model D1N4735D（Is = 1.168f Rs = .9756 Ikf = 0 N = 1 Xti = 3 Eg = 1.11 Cjo = 140p M = .3196

+　　　Vj = .75 Fc = .5 Isr = 2.613n Nr = 2 Bv = ｛Bv｝ Ibv = 4.9984 Nbv = .32088

+　　　Ibvl = 184.78u Nbvl = .19558 Tbvl = 443.55u）

*　　　Motorolapid = 1N4735case = DO - 41

*　　　Vz = 6.2 @ 41mA, Zz = 9 @ 1mA, Zz = 3.4 @ 5mA, Zz = 1.85 @ 20mA

图 4.86、图 4.87 和图 4.88 分别为稳压管稳压值 $B_v$ = 4.1V、6.2V 和 8.2V 时的正弦波幅值，通过改变稳压管型号可粗略调节输出正弦波幅值。该振荡电路能够

实现频率和幅值的双重调节，设计时根据频率值计算电阻和电容值，并且选定满足频率范围的运算放大器。

```
Probe Cursor
A1 =    16.899m,      3.1655
A2 =    15.002m,      2.9116
dif=    1.8971m,    253.964m
```

图 4.86　$B_v$ = 4.1V 时输出正弦波幅值约为 3.2V

```
Probe Cursor
A1 =    16.873m,      4.6129
A2 =    14.999m,      3.9342
dif=    1.8741m,    678.609m
```

图 4.87　$B_v$ = 6.2V 时输出正弦波幅值约为 4.6V

```
Probe Cursor
A1 =    15.876m,      5.9841
A2 =    15.001m,      4.6845
dif= 875.185u,        1.2996
```

图 4.88　$B_v$ = 8.2V 时输出正弦波幅值约为 6.0V

# 4.4 ICL8038 集成波形发生器

## 4.4.1　ICL8038 性能指标

ICL8038 为单片集成电路构成的波形发生器，使用极少的外部元器件就能产生高精度的正弦波、方波、三角波、锯齿波和脉冲波，其引脚图如图 4.89 所示。输出波形频率由外部电阻和电容设置，范围从 0.001Hz 至 300kHz，并且通过外部电压实现频率调制功能。ICL8038 采用先进整体技术制造，并且使用大量肖特基势垒二极管、薄膜电阻等精密元器件，当环境温度和供电电源变化较大时能够保持输出波形稳定。利用 ICL8038 与锁相环相配合，可将温度—频率漂移减小至 250ppm/℃ 以下。

**ICL8038 输出特性**：

1）低温度—频率漂移：250ppm/℃；

2）低失真度：1%（正弦波输出）；

3）高线性度：0.1%（三角波输出）；

4）宽频率输出范围：0.001Hz ~ 300kHz；

5）可调占空比：2% ~ 98%；

6）宽电平输出：从 TTL 至 28V；

7）同时输出正弦波、三角波和方波；

8）使用便捷、外围元器件少。

**ICL8038 极限值范围：**

1）供电电压（V – 至 V +）：36V；

2）输入电压（任何引脚）：V – 至 V +；

3）输入电流（4 和 5）：25mA；

4）输出电流（3 和 9）：25mA；

5）工作稳定范围：0 ~ 70℃。

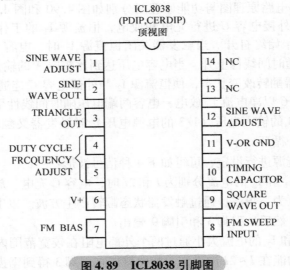

**图 4.89　ICL8038 引脚图**

**ICL8038 引脚定义：**

引脚 1：正弦波波峰平滑及峰值调整，由引脚电位控制，主要用于正弦波失真调节。

引脚 2：正弦波输出端。

引脚 3：三角波输出端。

引脚 4：充电电流控制，电流越大充电时间越短、方波低电平时间越短、三角波上升时间越短。

引脚 5：放电电流控制，电流越大放电时间越短、方波高电平时间越短、三角波上升时间越短。

引脚 6：供电正电源。

引脚 7：内部固定电位。

引脚 8：频率调节，由引脚电位控制。

引脚 9：方波输出端。

引脚 10：外接电容，控制输出波形频率。其他条件相同时电容越大频率越低、电容越小频率越高。

引脚 11：接地或者负电源。

引脚 12：正弦波波谷平滑及谷值调整，由引脚电位控制，主要用于正弦波失真调节。

引脚 13：空引脚。

引脚 14：空引脚。

## 4.4.2　ICL8038 工作原理分析

ICL8038 内部电路原理图与功能原理图分别如图 4.90 和图 4.91 所示。两恒流源 $I_1$ 和 $I_2$ 分别对外接电容 $C$ 进行充电和放电，恒流源 $I_2$ 的工作状态由触发器控制，同时恒流源 $I_1$ 始终打开。当触发器关闭恒流源 $I_2$ 时，电容 $C$ 由恒流源 $I_1$ 充电，其两端电压随时间线性上升。当电容电压达到比较器 A 的输入电平（2/3 的电源电压）时触发器翻转改变状态，使恒流源 $I_2$ 与外部电容 $C$ 连通。恒流源 $I_2$ 通常为 $2I_1$，使得电容 $C$ 以净电流 $I_1$ 放电，电容两端电压随时间线性下降。当电容电压值下降到比较器 B 的输入电压（1/3 的电源电压）时触发器又翻转回到原来状态，并且重新开始下一循环。

通过对两恒流源进行设定，可得如下 4 种信号波形：

1. 当电流源 $I_1$ 和 $I_2$ 的电流分别为 $I$ 和 $2I$ 时，电容 C 充电、放电过程的时间相等，电容两端电压为三角波；通过触发器状态翻转产生方波。以上两种波形信号经缓冲器功率放大，然后从引脚 3 和引脚 9 输出。

2. 恒流源 $I_1$ 和 $I_2$ 的电流大小通过两个外部电阻在较宽范围内设定。因此两个恒流源的设定值均能在 $I \sim 2I$ 内设定，如此就能在引脚 3 得到锯齿波，同时在引脚 9 得到占空比从小于 1% 至大于 99% 的脉冲波。

3. 正弦波由三角波经非线性网络变换得到，该网络在三角波传输路径中提供递减阻抗梯度。

所有波形对称性均由外部定时电阻 $R_A$ 和 $R_B$ 调整。$R_A$ 控制三角波、正弦波的上升时间和方波"1"状态。

三角波幅度被设置为 1/3 电源电压，因此三角波上升时间为

$$t_1 = \frac{C \times V}{I} = \frac{C \times 1/3 \times V_{\text{SUPPLY}} \times R_A}{0.22 \times V_{\text{SUPPLY}}} = \frac{R_A \times C}{0.66} \tag{4.35}$$

三角波、正弦波下降时间和方波"0"状态保持时间为

$$t_2 = \frac{C \times V}{I} = \frac{C \times 1/3 \times V_{\text{SUPPLY}}}{2 \times 0.22} \times \frac{V_{\text{SUPPLY}}}{R_B} - 0.22 \times \frac{V_{\text{SUPPLY}}}{R_A} = \frac{R_A \times R_B \times C}{0.66 \times (2R_A - R_B)}$$

$$\tag{4.36}$$

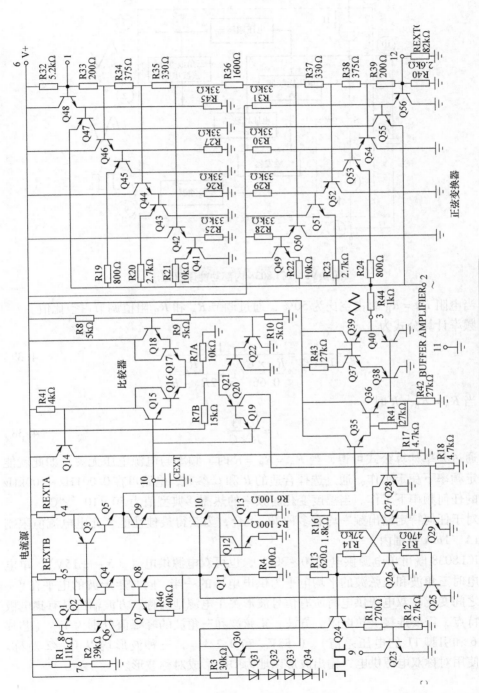

图 4.90　ICL8038 内部电路原理图

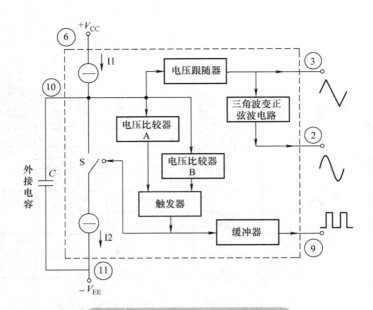

**图 4.91　ICL8038 内部功能原理图**

当电阻 $R_A = R_B$ 时占空比为 50%，通过调节 $R_A$ 和 $R_B$ 阻值调节占空比值。
频率计算公式为

$$f = \frac{1}{t_1 + t_2} = \frac{1}{\dfrac{R_A \times C}{0.66}(1 + \dfrac{R_B}{2R_A - R_B})} \tag{4.37}$$

当 $R_A = R_B = R$ 时

$$f = \frac{0.33}{R \times C} \tag{4.38}$$

通过频率计算公式可得，当 $R_A = R_B = R$ 时，频率与电源电压无关，如此就能在恒定频率下稳定工作。通过选择合适的 $R$ 和 $C$ 参数，电路可在 $0.001\,Hz \sim 300\,kHz$ 之间的任何频率下工作。当温度变化时频率的热漂移典型值为 $50 \times 10^{-6}/℃$。

对于任何特定输出频率均有多种 $RC$ 组合，为获得最佳性能，充电电流值限制在 $1\mu A \sim 1mA$ 范围内。

ICL8038 既可单电源供电（$10 \sim 30V$），也可双电源供电（$\pm 5 \sim \pm 15V$）。单电源供电时三角波和正弦波的平均电平为供电电压的一半，同时矩形波的电平在 V + 和地之间变化。双电源供电时所有信号波形关于电源地对称。方波输出具有集电极开路特点，需要连接上拉电阻。方波、正弦波和三角波的峰峰值分别为 $V_{CC}$（芯片引脚 6 和引脚 11 的电压差值）、$0.33V_{CC}$ 和 $0.22V_{CC}$，三种波形均以 $V_{CC}/2$ 对称。如果使用对称双电源供电，输出波形以地为中心形成对称波形。

## 4.4.3　ICL8038 电路仿真分析

三角波和方波发生电路仿真原理图如图 4.92 所示。

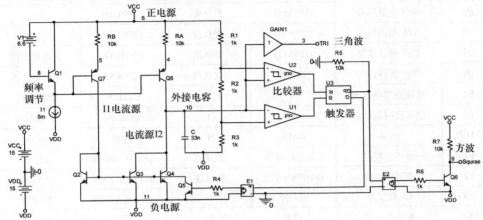

**图 4.92　三角波和方波发生电路仿真原理图**

首先对三角波和方波发生电路进行仿真分析，如图 4.92 所示，$R_A = R_B =$ 10kΩ、$C = 33$nF，$f = \dfrac{0.33}{R \times C} = \dfrac{0.33}{10\text{k}\Omega \times 33\text{nF}} = 100$Hz，U1 和 U2 为比较器，U3 为 RS 触发器，采用双电源 ±15V 供电，如此引脚 8 对 $V_{CC}$ 连接 6.6V 直流电压源 V1 即可模拟引脚 7 与引脚 8 相连接的工作状态。三角波和方波发生电路元器件列表见表 4.3。

**表 4.3　三角波和方波发生电路元器件列表**

| 编号 | 名称 | 型号 | 参数 | 库 | 功能注释 |
|---|---|---|---|---|---|
| R1 | 电阻 | R | 1k | ANALOG | 分压 |
| R2 | 电阻 | R | 1k | ANALOG | 分压 |
| R3 | 电阻 | R | 1k | ANALOG | 分压 |
| R4 | 电阻 | R | 1k | ANALOG | 驱动限流 |
| R5 | 电阻 | R | 10k | ANALOG | 防止悬空 |
| R6 | 电阻 | R | 1k | ANALOG | 驱动限流 |
| R7 | 电阻 | R | 10k | ANALOG | 上拉 |
| RA | 电阻 | R | 1k | ANALOG | 充电电流 |
| RB | 电阻 | R | 1k | ANALOG | 放电电流 |
| C | 电容 | C | 33n | ANALOG | 频率设置 |
| Q1 | NPN 型晶体管 | Q2N5551 | 默认值 | BIPOLAR | 跟随 |
| Q2 | NPN 型晶体管 | Q2N5551 | 默认值 | BIPOLAR | 镜像电流源 |
| Q3 | NPN 型晶体管 | Q2N5551 | 默认值 | BIPOLAR | 镜像电流源 |

（续）

| 编号 | 名称 | 型号 | 参数 | 库 | 功能注释 |
|---|---|---|---|---|---|
| Q4 | NPN 型晶体管 | Q2N5551 | 默认值 | BIPOLAR | 镜像电流源 |
| Q5 | NPN 型晶体管 | Q2N5551 | 默认值 | BIPOLAR | 开关 |
| Q6 | NPN 型晶体管 | Q2N5551 | 默认值 | BIPOLAR | 开关 |
| Q7 | PNP 型晶体管 | Q2N5401 | 默认值 | BIPOLAR | 放电电流源 |
| Q8 | PNP 型晶体管 | Q2N5401 | 默认值 | BIPOLAR | 充电电流源 |
| E1 | 电压控制电压源 | E | 1 | ANALOG | 驱动隔离 |
| E2 | 电压控制电压源 | E | 1 | ANALOG | 驱动隔离 |
| GAIN1 | 增益 | GAIN | 1 | ABM | 缓冲 |
| U1 | 滞环比较器 | COMPARHYS | 默认值 | APPLICATION | 比较器 |
| U2 | 滞环比较器 | COMPARHYS | 默认值 | APPLICATION | 比较器 |
| U3 | RS 触发器 | FFLOP | | APPLICATION | 触发器 |
| VCC | 直流电压源 | VDC | 15 | SOURCE | 正电源 |
| VDD | 直流电压源 | VDC | 15 | SOURCE | 负电源 |
| V1 | 直流电压源 | VDC | 6.6 | SOURCE | 模拟电位 |
| I1 | 直流电流源 | IDC | 5m | SOURCE | 偏置电流源 |
| 0 | 绝对地 | 0 | | SOURCE | 绝对地 |

图 4.93 为三角波和方波输出电压波形，周期约为 0.96ms，与计算值 1ms 误差约为 5%，该误差主要由电流源 I1 和 I2 以及镜像电流源误差产生，实际电路通过调节电阻 $R_A$ 和 $R_B$ 减小该误差。

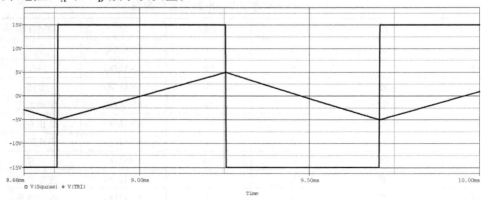

**图 4.93    三角波和方波输出电压波形**

正弦波发生电路仿真原理图如图 4.94 所示。

工作原理：正弦波由关于中心对称的三角波 TRI 生成，峰峰值电压为供电电压

峰峰值的 1/3，比如供电为 + 15V 和 – 15V，则三角波的最大值为 5V，最小值为
– 5V，5V – ( – 5) V = (15V – ( – 15V))/3 = 10V。正弦波发生电路元器件列表见
表 4.4。

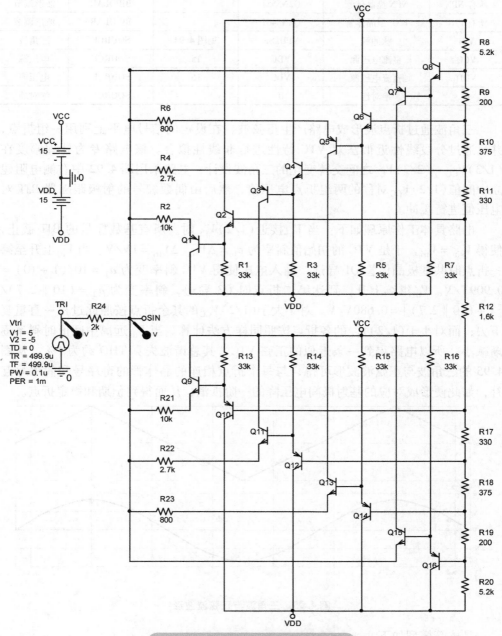

图 4.94　正弦波发生电路仿真原理图

表 4.4　正弦波发生电路元器件列表

| 编号 | 名称 | 型号 | 参数 | 库 | 功能注释 |
|------|------|------|------|-----|---------|
| 所有电阻 | 电阻 | R | 见图 4.94 | ANALOG | 波形调节 |
| 所有 NPN | NPN 型晶体管 | Q2N5551 | | BIPOLAR | 波形调节 |
| 所有 PNP | PNP 型晶体管 | Q2N5401 | | BIPOLAR | 波形调节 |
| Vtri | 脉冲源 | VPULSE | 见图 4.94 | SOURCE | 三角波 |
| VCC | 直流电压源 | VDC | 15 | SOURCE | 电压源 |
| VDD | 直流电压源 | VDC | 15 | SOURCE | 电压源 |
| 0 | 绝对地 | 0 | | SOURCE | 绝对地 |

　　三角波通过折点波形成电路产生正弦波，在设定的信号电平上利用一组折点，并且通过分段线性近似法对 VTC 特性进行非线性拟合。该电路专为处理幅度在 $(1/3)V_{CC}$—$(2/3)V_{CC}$ 之间交替变化的三角波设计，电路采用图 4.92 中右侧电阻建立中间值 $(1/2)V_{CC}$ 对称的两组折点电压值，然后由偶数编号的射极跟随器 BJT 对电压值进行缓冲。

　　电路具体工作原理如下：当 $V_{tri}$ 接近 $(1/2)V_{CC}$ 时，所有基数序号的 BJT 截止，使得 $V_{sin} = V_{tri}$，于是 VTC 的初始值斜率为 $a_0 = \Delta V_{sin}/\Delta V_{tri} = 1V/V$。当 $V_{tri}$ 上升至第一折点时共基极晶体管 Q1 导通，输入电压使得 VTC 斜率变为 $a_1 = 10/(1 + 10) = 0.909V/V$。$V_{tri}$ 继续上升，到达第二折点时 Q3 导通，斜率变为 $a_2 = (10 \parallel 2.7)/[1 + (10 \parallel 2.7)] = 0.680V/V$。对于大于 $(1/2)V_{CC}$ 的其余折点按照此过程一直重复下去；而对小于 $(1/2)V_{CC}$ 的各折点按照同样方法计算。当 $V_{tri}$ 远离中间值时斜率逐渐减小，所以电路得到一条近似的正弦 VTC，其总谐波失真 THD 约为 1%。从图 4.95 的三角波与正弦波波形可得，与每个折点相连的晶体管的奇序号和偶序号互补，如此便形成对应的基射极间电压降的一阶抵消，从而得到预期和稳定折点。

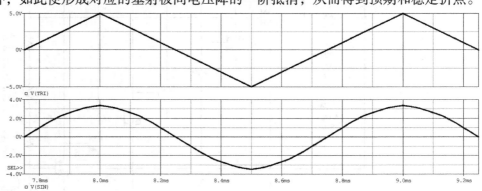

图 4.95　三角波与正弦波波形

　　晶体管模型如下：
　　. model Q2N5401PNP（Is = 21. 48f Xti = 3 Eg = 1. 11 Vaf = 200 Bf = 232. 1 Ne = 1. 375

+　　Ise = 21. 48f Ikf = . 1848 Xtb = 1. 5 Br = 3. 661 Nc = 2 Isc = 0 Ikr = 0 Rc = 0. 6

+　　Cjc = 17. 63p Mjc = . 5312 Vjc = . 75 Fc = . 5 Cje = 13. 39p Mje = . 3777 Vje = . 75

+　　Tr = 0. 476n Tf = 141. 9p Itf = 0 Vtf = 0 Xtf = 0 Rb = 1)

*　　20170315 newtoncreation


. model Q2N5551NPN（Is = 2. 511f Xti = 3 Eg = 1. 11 Vaf = 200 Bf = 342. 6 Ne = 1. 249

+　　Ise = 2. 511f Ikf = . 3458 Xtb = 1. 5 Br = 3. 197 Nc = 2 Isc = 0 Ikr = 0 Rc = 1

+　　Cjc = 0. 883p Mjc = . 3047 Vjc = . 75 Fc = . 5 Cje = 4. 79p Mje = . 3416 Vje = . 75

+　　Tr = 0. 202n Tf = 160p Itf = 5m Vtf = 5 Xtf = 8 Rb = 1)

*　　20170315 newtoncreation

总谐波失真分析：总谐波失真约为 1. 6% 。

FOURIER COMPONENTS OF TRANSIENT RESPONSE V（SIN）

DC COMPONENT = − 2. 188480E − 02

| HARMONIC NO | FREQUENCY （HZ） | FOURIER COMPONENT | NORMALIZED COMPONENT | PHASE （DEG） | NORMALIZED PHASE （DEG） |
|---|---|---|---|---|---|
| 1 | 1. 000E + 03 | 3. 310E + 00 | 1. 000E + 00 | 8. 999E + 01 | 0. 000E + 00 |
| 2 | 2. 000E + 03 | 2. 663E − 02 | 8. 045E − 03 | − 8. 990E + 01 | − 2. 699E + 02 |
| 3 | 3. 000E + 03 | 2. 356E − 02 | 7. 119E − 03 | 9. 101E + 01 | − 1. 790E + 02 |
| 4 | 4. 000E + 03 | 2. 645E − 03 | 7. 991E − 04 | − 9. 155E + 01 | − 4. 515E + 02 |
| 5 | 5. 000E + 03 | 2. 226E − 02 | 6. 724E − 03 | 9. 019E + 01 | − 3. 598E + 02 |
| 6 | 6. 000E + 03 | 5. 182E − 04 | 1. 565E − 04 | 8. 394E + 01 | − 4. 560E + 02 |
| 7 | 7. 000E + 03 | 3. 239E − 02 | 9. 785E − 03 | 8. 985E + 01 | − 5. 401E + 02 |
| 8 | 8. 000E + 03 | 3. 178E − 03 | 9. 601E − 04 | − 9. 028E + 01 | − 8. 102E + 02 |
| 9 | 9. 000E + 03 | 4. 695E − 03 | 1. 418E − 03 | 9. 096E + 01 | − 7. 189E + 02 |

TOTAL HARMONIC DISTORTION = 1. 612307E + 00 PERCENT


## 4. 4. 4　ICL8038 模型测试

利用层电路对 ICL8038 整体电路进行测试，具体仿真原理图如图 4. 96 和图 4. 98 所示。通常情况下芯片引脚 1 虚空，所以建立模型时省略引脚 1，将三角波和方波发生电路与正弦波发生电路进行联合，然后按照典型外围电路建立测试电路。

图 4. 97 为 ICL8038 模型仿真输出波形，包括正弦波、三角波和方波，与电路测试结果一致。下面根据层电路建立子电路模型。

1. ICL8038SUB 利用层电路建立子电路模型

利用 ICL8038 子电路仿真原理图 4. 99 自动生成 lib 文件，然后由 lib 文件生成 olb 文件。

* source ICL8038

. SUBCKT ICL8038SUB 2 3 4 5 6 7 8 9 10 11 12

R_ R10　　2 N76472　10k

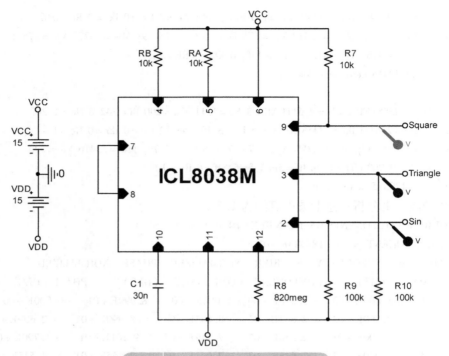

图 4.96　ICL8038 层电路仿真原理图

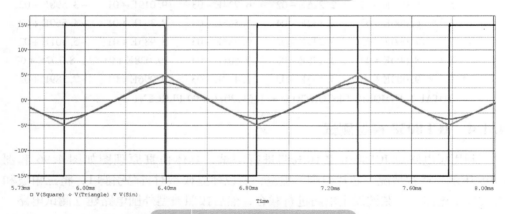

图 4.97　ICL8038 模型仿真输出波形

R_ R14　　2 N76502　800

Q_ Q20　　11 N77074 N77138 Q2N5401

R_ R17　　N76428 N76734　200

R_ R21　　2 N76434　10k

Q_ Q3　　10 N77806 11 Q2N5551

X_ U2　　10 N78040 N78244 COMPARHYS PARAMS：VHIGH = 5 VLOW = 10M VHYS = 1M

E_ E3　　6 N77404 6 8 1

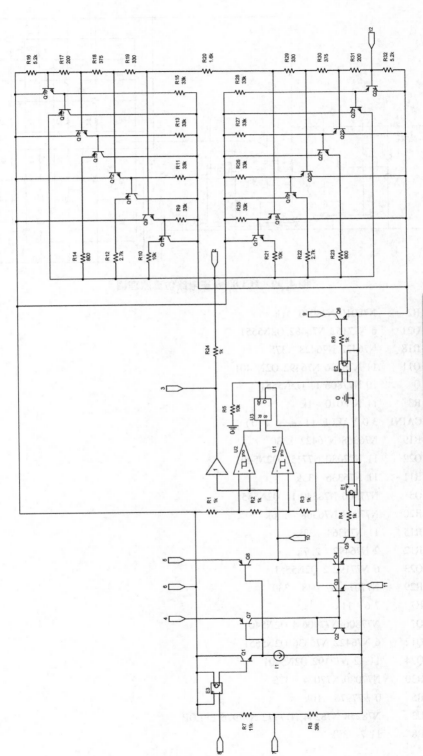

图 4.98 ICL8038 模型仿真原理图

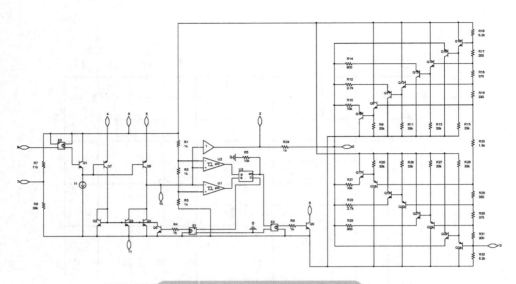

**图 4.99  ICL8038 子电路仿真原理图**

R_ R2      N78010 N78040   1k

Q_ Q21     6 N77152 N76482 Q2N5551

R_ R18     N76422 N76428   375

Q_ Q11     11 N76336 N76492 Q2N5401

Q_ Q4      10 N77806 11 Q2N5551

R_ R3      11 N78010   1k

E_ GAIN1   3 0 VALUE {1 * V (10)}

R_ R19     N76368 N76422   330

Q_ Q22     11 N77080 N77152 Q2N5401

R_ R11     11 N76336   33k

Q_ Q5      N77806 N78340 11 Q2N5551

R_ R20     N77048 N76368   1.6k

R_ R15     11 N76364   33k

R_ R12     2 N76492   2.7k

Q_ Q23     6 N77192 2 Q2N5551

R_ R29     N77074 N77048   330

R_ R7      7 6   11k

Q_ Q7      N77806 N77906 4 Q2N5401

Q_ Q12     6 N76422 N76336 Q2N5551

Q_ Q24     11 12 N77192 Q2N5401

R_ R30     N77080 N77074   375

R_ R5      0 N77976   10k

X_ U3      N78258 N78244 N77972 N77976 FFLOP

R_ R8      11 7   39k

| Q_ Q8 | 10 N77906 5 Q2N5401 |
|---|---|
| Q_ Q13 | 11 N76340 N76502 Q2N5401 |
| R_ R31 | 12 N77080　200 |
| R_ R26 | N77138 6　33k |
| Q_ Q17 | 6 N77116 N76434 Q2N5551 |
| I_ I1 | N77906 11 DC 5m |
| E_ E2 | N78350 11 N77976 0 1 |
| R_ R32 | 11 12　5.2k |
| R_ R27 | N77152 6　33k |
| Q_ Q14 | 6 N76428 N76340 Q2N5551 |
| R_ R25 | N77116 6　33k |
| R_ R22 | 2 N76454　2.7k |
| Q_ Q9 | 6 N76368 N76294 Q2N5551 |
| R_ R16 | N76734 6　5.2k |
| Q_ Q6 | 9 N78272 11 Q2N5551 |
| R_ R28 | N77192 6　33k |
| R_ R13 | 11 N76340　33k |
| R_ R1 | N78040 6　1k |
| Q_ Q10 | 11 N76294 N76472 Q2N5401 |
| Q_ Q18 | 11 N77048 N77116 Q2N5401 |
| Q_ Q15 | 11 N76364 2 Q2N5401 |
| E_ E1 | N78334 11 N77972 0 1 |
| Q_ Q1 | 6 N77404 N77906 Q2N5551 |
| X_ U1 | N78010 10 N78258 COMPARHYS PARAMS：VHIGH = 5 VLOW = 10M VHYS = 1M |
| R_ R9 | 11 N76294　33k |
| Q_ Q19 | 6 N77138 N76454 Q2N5551 |
| R_ R24 | 3 2　1k |
| R_ R23 | 2 N76482　800 |
| Q_ Q16 | 6 N76734 N76364 Q2N5551 |
| R_ R6 | N78350 N78272　1k |
| Q_ Q2 | N77806 N77806 11 Q2N5551 |
| R_ R4 | N78340 N78334　1k |

.ENDS

2. ICL8038SUB 测试子电路模型测试

按照层电路测试图对子电路模型进行测试，以检验所建立的子电路功能是否正常。

图 4.100 和图 4.101 分别为子电路模型测试电路仿真原理图及其测试波形，分别为输出正弦波、三角波和方波，与层电路测试结果一致。正弦波输出具有相对较高的输出阻抗（1kΩ 典型值），通常利用运放实现缓冲、增益和幅度调节。

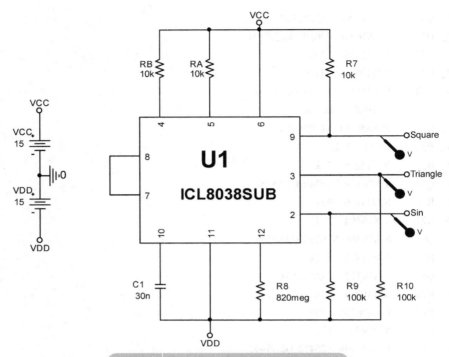

**图 4.100    子电路模型测试电路仿真原理图**

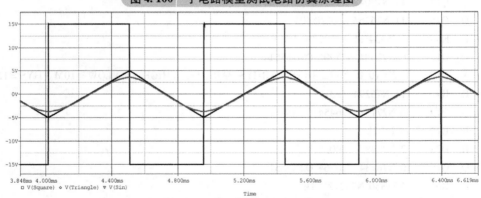

**图 4.101    仿真输出电压波形**

## 4.4.5    ICL8038 线性压控振荡电路

下面利用 ICL8038 子电路模型建立线性压控振荡器电路，改变引脚 8 的电压实现频率随电压的线性变化。

图 4.102 为频率随电压线性变化电路仿真原理图，工作原理如下：运放 U2 通过电阻 $R_2$ 将输入电压 $V_{in}$ 转换为电流平均分配到 $R_A$ 和 $R_B$，该电流为电容 $C_1$ 充电和放电，使电容电压在 $-5V$ 至 $-10V$ 之间转换，电压变化量为 5V，用 $\Delta V$ 表示。

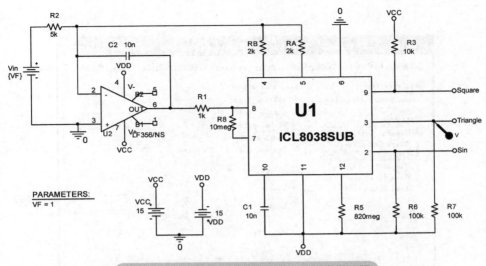

**图 4.102  频率随电压线性变化电路仿真原理图**

充放电时间为

$$t = \frac{C_1 \Delta V}{I/2} = \frac{2C_1 \Delta V}{V_{in}/R_2} = \frac{100\text{n}}{V_{in}/5\text{k}} = \frac{0.5\text{m}}{V_{in}}$$

波形频率为

$$f = \frac{1}{2t} = \frac{V_{in}}{1\text{m}} = 1000 V_{in}$$

所以频率与输入电压成线性关系，频率为 1000 倍的输入电压值。

对电路进行瞬态仿真分析，如图 4.103 和图 4.104 所示，仿真时间为 10ms，最大步长为 2μs。对输入电压 $V_{in}$ 进行参数扫描分析，线性扫描方式，起始值为 1V，结束值为 5V，步长为 1V。

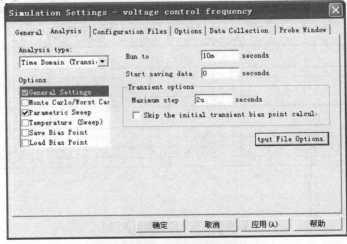

**图 4.103  瞬态仿真设置**

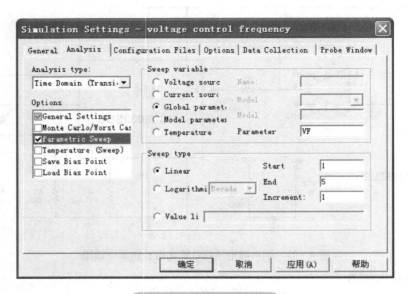

图 4.104    参数仿真设置

图 4.105 为三角波输出波形，从上到下控制电压分别为 1V、2V、3V、4V、

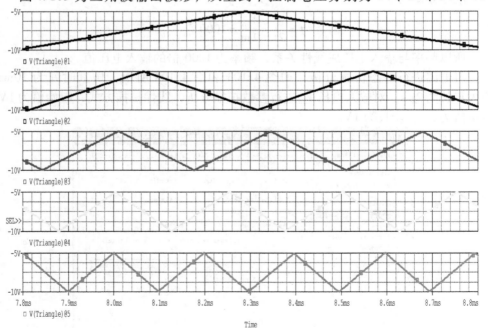

图 4.105    三角波输出波形

5V；从上到下频率分别为 1kHz、2kHz、3kHz、4kHz、5kHz；通过改变输入电压 $V_{in}$ 的电压值控制输出频率，实现电压—频率的线性转换。

输出波形带有 $-7.5$V 直流偏置，该偏置为供电电位中间值，通过加法电路可使得输出波形正负对称，并且幅值可调。输出阻抗匹配与调节电路如图 4.106 所示，U4 实现输入电压跟随与阻抗匹配；U3 实现输出幅值与直流偏置调节，通过上述调节，电路能够实现幅值和偏置的任意调节，以便达到实用目的。电压源 $V_{ref}$ 调节直流偏置，使得输出以 0V 为对称轴；$R_9$ 调节输出电压幅值，当 $R_{11} = R_{10}$ 时放大倍数 $\mathrm{Gain} = R_9/R_{11}$。

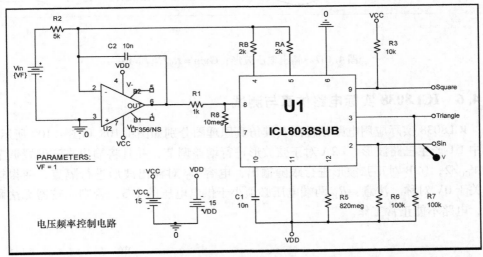

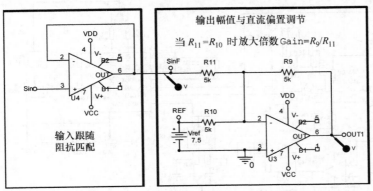

**图 4.106　输出阻抗匹配与调节电路仿真原理图**

图 4.107 中输入信号 Sin 与输出跟随 SinF 波形一致，输出 OUT1 实现输入信号的偏置调节与幅值调整。

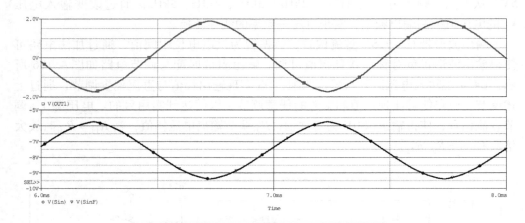

图 4.107　输出电压波形：$Gain = R_9/R_{11} = 1$

## 4.4.6　ICL8038 实际电路仿真与测试

ICL8038 实际应用电路原理图及其仿真原理图分别如图 4.108 和图 4.109 所示，其中 U1 产生三路波形，U2A 对正弦波形进行增益调节，并且将输出直流偏置调节至 $V_{CC}/2$；U2B 对正弦波形进行跟随输出，电容 $C_3$ 对输出波形进行隔直，使得输出关于 0V 对称。注意：$R_{12}$ 两端电压必须小于供电电压的 1/3，否则比较器无法翻转，电路不能正常工作。

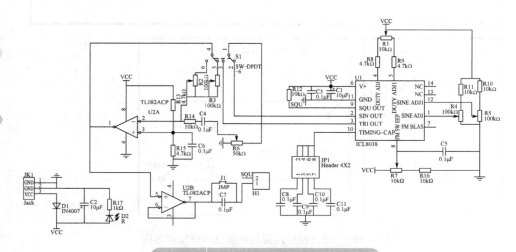

图 4.108　ICL8038 实际应用电路原理图

图 4.110 中上面为 ICL8038 产生的正弦波，中间为偏置和增益调节后的正弦波形，下面为隔直后的正弦波形，电路实现正弦波发生，以及幅度与偏置调节。

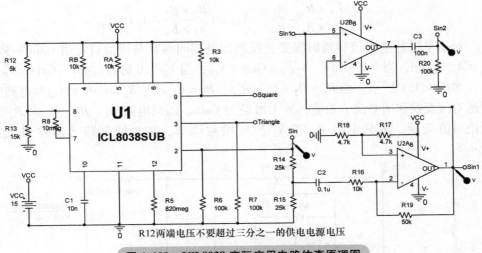

图 4.109　ICL8038 实际应用电路仿真原理图

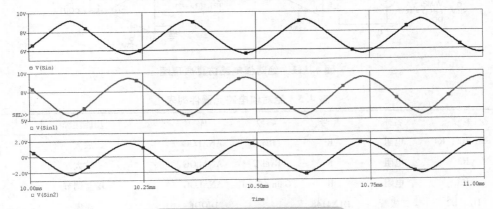

图 4.110　正弦波仿真输出波形

# 4.5 交流/直流变换

## 4.5.1 分立元件交流/直流变换电路

通用的绝对值电路仿真原理图如图 4.111 所示，原始信号与其反相半波信号以
1:2 的比例运算输出，运放 U1B 对信号反相半波整流，U1A 以 1:2 的比率对 $V_{IN}$ 和
$V_{TP1}$ 求和，$V_{OUT} = -(R_5/R_4) \times V_{IN} - (R_5/R_3) \times V_{TP1}$。

当 $V_{IN} < 0$ 时，D1 导通 D2 截止，$V_{TP1} = 0$，$V_{OUT} = -\dfrac{R_5}{R_4} \times V_{IN} = -A_n \times V_{IN}$；

当 $V_{IN} > 0$ 时，D2 导通 D1 截止，$V_{TP1} = -(R_2/R_1) \times V_{IN}$，

$$V_{\text{OUT}} = \left(\frac{R_2 \times R_5}{R_1 \times R_3} - \frac{R_5}{R_4}\right) \times V_{\text{IN}} = \left(\frac{R_2 \times R_5}{R_1 \times R_3} - A_n\right) \times V_{\text{IN}}。$$

对信号进行绝对值转换时需要正反相增益相同并且与增益设定值 Gain 一致，$A_p = A_n = \text{Gain}$，当 $V_{\text{IN}} > 0$ 时，$V_{\text{OUT}} = \text{Gain} \times V_{\text{IN}}$；当 $V_{\text{IN}} < 0$ 时，$V_{\text{OUT}} = -\text{Gain} \times V_{\text{IN}}$。

如图 4.111 所示，当 $R_1 = R_2 = R_4 = R_{\text{val}}$、$R_3 = R_{\text{val}}/2$、$R_5 = \text{Gain} \times R_{\text{val}}$ 时电路实现绝对值变换和增益调节功能，放大增益为 Gain。四只电阻 $R_1$、$R_2$、$R_3$ 和 $R_4$ 实现绝对值变换，两只电阻 $R_4$ 和 $R_5$ 实现增益调节。绝对值电路元器件列表见表 4.5。

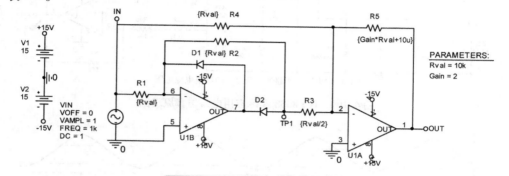

**图 4.111　绝对值电路仿真原理图**

**表 4.5　绝对值电路元器件列表**

| 编号 | 名称 | 型号 | 参数 | 库 | 功能注释 |
|---|---|---|---|---|---|
| R1、R2、R4 | 电阻 | R | {Rval} | ANALOG | 放大 |
| R3 | 电阻 | R | {Rval/2} | ANALOG | 放大 |
| R5 | 电阻 | R | {Gain * Rval} | ANALOG | 增益调节 |
| D1、D2 | 二极管 | D1N4148 | | DIODE | 隔离 |
| U1A | 运放 | TL072 | | TEX_ INST | 增益调节 |
| U1B | 运放 | TL072 | | TEX_ INST | 放大 |
| V1、V2 | 直流电压源 | VDC | 15 | SOURCE | 运放供电 |
| VIN | 交流信号源 | VSIN | SIN 0 1 1k, DC = 1 | SOURCE | 输入信号源 |

下图 4.112 为绝对值电路的输入、输出电压波形，输入正弦波幅值为 1V，正负对称，经过绝对值变换之后的输出波形只有正半波，幅值为 2V，实现输入信号的绝对变换和增益调节。

下图 4.113 为阻抗不匹配时的输入、输出电压波形，当输入为对称正弦波时其正负半周期的对应输出波形不一致，绝对值功能消失，所以电阻参数必须匹配。绝对值电路直流扫描设置与参数扫描设置如图 4.114 和图 4.115 所示。

下面通过修改增益 Gain 测试电路的线性放大特性。

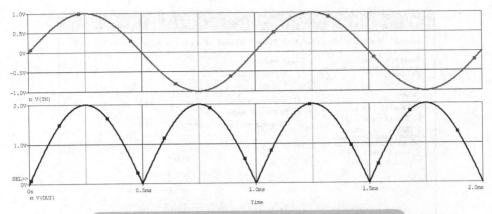

**图 4.112　绝对值电路阻值匹配时的输入、输出电压波形**

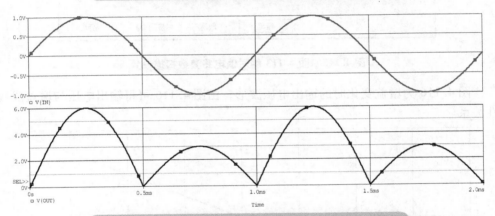

**图 4.113　$R_3 = R_{val}/3$ 阻抗不匹配时输入、输出电压波形**

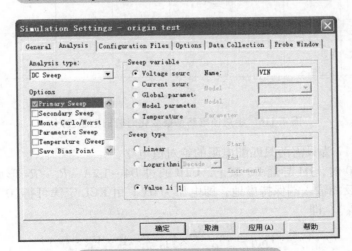

**图 4.114　绝对值电路直流扫描设置**

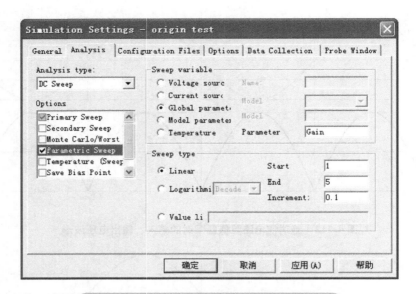

图 4.115　图 4.113 绝对值电路参数扫描设置

图 4.116 为增益变化时的输出电压波形，由图 4.116 可得输出电压与增益成线性关系。

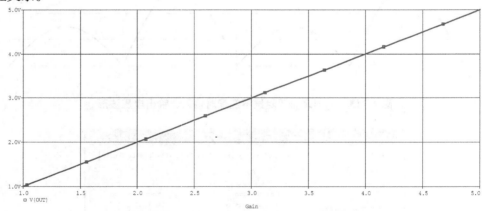

图 4.116　绝对值电路增益变化时输出电压波形

下图 4.117 为只需两只匹配电阻的绝对值电路。

当 $V_{IN} < 0$ 时，D4 导通 D3 截止，U2B 通过 D4 – U2A – $R_8$ – $R_7$ 形成反馈回路，使得 U2B 的反相输入端保持虚地，即电压为 0V。由 KCL 定律可得 $(0 - V_{IN})/R_6 = V_{OUT}/(R_7 + R_8)$，即

$$V_{OUT} = \frac{R_7 + R_8}{R_7} \times V_{IN} = -A_n \times V_{IN}$$

当 $V_{IN} > 0$ 时，D3 导通 D4 截止，U2B 通过 D1 形成反馈回路，使得 U2B 的反

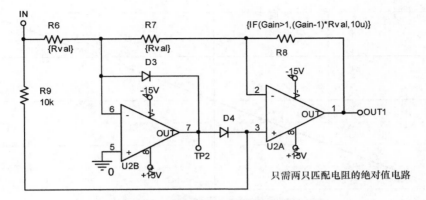

图 4.117　只需两只匹配电阻的绝对值电路

相输入端保持虚地，即电压为 0V。U2B 的输出电压被箝位至 $-V_{\text{D4(on)}}$，约 $-0.7$V；电阻 $R_9$ 将输入信号 $V_{\text{IN}}$ 传送至 U2A 的正相输入端，U2A 实现同相放大功能，即

$$V_{\text{OUT}} = \frac{R_7 + R_8}{R_6} \times V_{\text{IN}} = A_{\text{p}} \times V_{\text{IN}}$$

当 $A_{\text{p}} = A_{\text{n}} = \text{Gain}$ 时，$V_{\text{OUT}} = \text{Gain} \times |V_{\text{IN}}|$，电路实现输入信号的绝对值变换和增益调节功能。当 $R_6 = R_7 = R_{\text{val}}$、$R_8 = (\text{Gain} - 1) \times R_{\text{val}}$ 时，$A_{\text{p}} = A_{\text{n}} = \text{Gain}$ 功能实现，该电路只需 $R_6$、$R_7$ 两只匹配电阻和 $R_8$ 一只增益调节电阻，更加简单、实用。$R_9$ 根据运放特性进行选择，通常取值 10kΩ，其阻值变化对电路特性影响有限。

图 4.118 为只需两只匹配电阻的绝对值电路的输入、输出电压波形，输入正弦波幅值为 1V，正负对称；经过绝对值变换之后的输出波形只有正半波，幅值为 2V，实现输入信号的绝对值变换和增益调节。

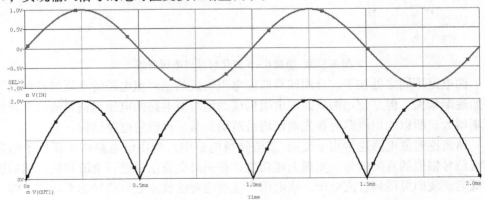

图 4.118　只需两只匹配电阻的绝对值电路输入、输出电压波形

图 4.119 为增益 Gain 从 1 变化至 5 时的输出电压波形，两电路输出电压完全一致，输出电压与增益成线性关系。

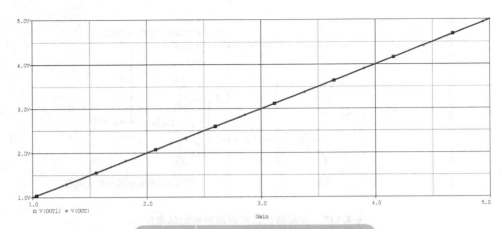

**图 4.119  增益 1~5 变化时的输出电压波形**

图 4.120 为两电路差别仿真测试，Gain 从 0 线性增大至 5，步长为 0.1，电阻 $R_8$ 的阻值不能为负值，所以当增益小于 1 时设定其阻值为 $10\mu\Omega$；电阻 $R_5$ 的阻值不能为零，所以当增益为零时设定其阻值为 $10\mu\Omega$。

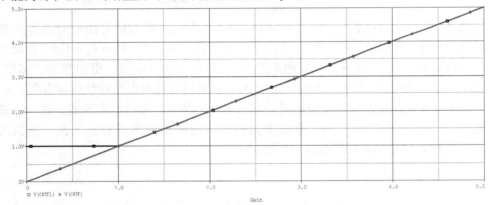

**图 4.120  增益 0~5 变化时输出电压曲线**

两电路不同之处在于，使用四只匹配电阻构成的绝对值电路的电压增益可从零开始逐渐增大，但是使用两只匹配电阻构成的绝对值电路的电压增益只能从 1 开始逐渐增大。所以选用电路时首先确定增益范围，然后再确定电路结构。

精密绝对值电路通常用于交流/直流转换电路中，利用该电路产生正比于给定交流信号幅值的直流信号。实现上述功能，首先对交流信号进行全波整流，然后进行低通滤波即可得到直流电压，该电压为经过绝对值整流之后信号的平均值，即

$$V_{\text{avg}} = \frac{1}{T}\int_0^T |v(t)| \, dt \tag{4.39}$$

式中，$v(t)$ 为输入交流信号；$T$ 为交流信号周期。将 $v(t) = V_{\text{m}}\sin(2\pi ft)$ 代入式 (4.37)，其中 $V_{\text{m}}$ 为峰值幅度；$f = \frac{1}{T}$ 为交流信号频率，可得平均值变换为

$$V_{avg} = (2/\pi)V_m = 0.637V_m \tag{4.40}$$

另外通过交流直流变换得到交流信号的方均根（rms）值，即

$$V_{rms} = \left(\frac{1}{T}\int_0^T |v^2(t)|\,dt\right)^{1/2} \tag{4.41}$$

将 $v(t) = V_m \sin(2\pi ft)$ 代入上式可得

$$V_{rms} = V_m/\sqrt{2} = 0.707V_m \tag{4.42}$$

通过以上计算可得 $V_{rms} = 1.11V_{avg}$。

如图 4.121 所示，通过结合绝对值电路和低通滤波实现交流信号到直流有效值的转换。

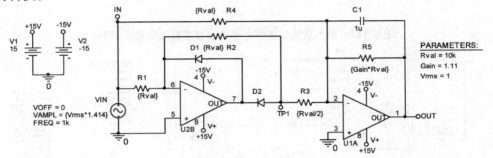

**图 4.121   交流有效值转换电路仿真原理图**

上图 4.121 为交流有效值转换电路仿真原理图，增益为 1.11，当电容 $C_1 \gg C_0 = \dfrac{1}{4\pi R_5 f_{min}}$ 时，纹波误差倒数即为 $C_1$ 与 $C$ 的比值，例如当纹波误差为 1% 时 $C_1/C_0 = 1/0.01 = 100$。当开关频率 $f$ 为 1kHz 时，$C_1 = \dfrac{100}{4\pi \times 11100\Omega \times 1000Hz} = 0.7\mu F$，取 $C_1 = 1\mu F$。

图 4.122 为输入交流正弦信号和输出直流有效值电压波形，交流信号幅值为 1.414V，输出有效值为 1V，纹波峰峰值为 10mV，即纹波误差为 10mV/1V = 1%，仿真与设计一致。设计时应该根据实际输入正弦信号频率合理选择电阻和电容值。

**电阻存在误差时电路高级分析**

图 4.123 为交流/直流高级仿真分析电路原理图，输入直流 1V、增益为 2、电阻容差 5%，仿真元件敏感性和输出电压范围。

图 4.124 为相对敏感性仿真结果，电阻 R1、R2 和 R3 的敏感性基本一致，为 R4 和 R5 敏感性的一倍，R1 和 R3 为负敏感性，R2、R4 和 R5 为正敏感性，输出电压最大值为 2.886V，最小值为 1.274V。

图 4.125 为电阻容差 5% 时的统计输出电压分布和范围，输出电压最大值为 2.534V，最小值为 1.627V。

图 4.126 为放大两倍功能的交流/直流转换电路，由双运放构成，电阻容差

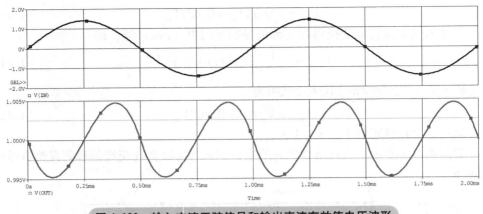

图 4.122　输入交流正弦信号和输出直流有效值电压波形

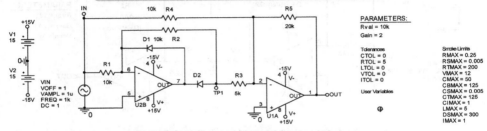

图 4.123　交流/直流高级仿真分析电路原理图

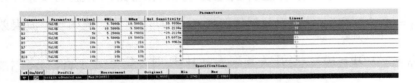

图 4.124　相对敏感性仿真结果

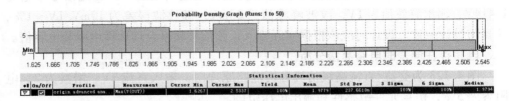

图 4.125　输出电压分布和范围

为 5%。

　　图 4.127 为电阻容差 5% 时双运放转换电路相对敏感性仿真和输出电压范围，电阻 R10 和 R7 的敏感性基本一致，其余元件敏感性为零；R10 为正敏感性，R7 为负敏感性；输出电压最大值为 2.105V，最小值为 1.905V。

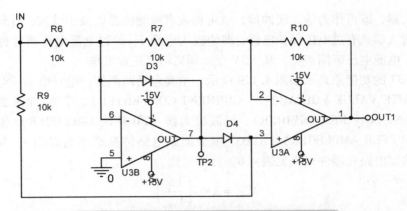

**图 4.126  双运放交流/直流转换电路仿真原理图**

**图 4.127  输出电压分布和范围**

图 4.128 为蒙特卡洛仿真分析结果，输出电压最大值为 2.078V，最小值为 1.924V。

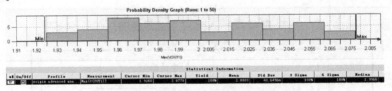

**图 4.128  蒙特卡洛仿真分析结果**

通过电路高级仿真分析可得，使用两只匹配电阻的绝对值电路的性能更加优秀，电阻容差均为 5% 时，后者输出电压离散性更小，输出更加稳定。

## 4.5.2  AD637 模型建立与应用设计

AD637 为高精度有效值转换芯片，量程为 $0 \sim 7V$，准确度为 $\pm(0.05\% \text{ RDG} + 0.25\text{mV})$，输入阻抗 $100\text{M}\Omega$；当 $V_{\text{IN}} = 200\text{mV}$（rms）时，最高频率 $f_{\text{max}} = 600\text{kHz}$；当 $V_{\text{IN}} \geqslant 1V$ 时，最高频率 $f_{\text{max}} = 8\text{MHz}$。AD637 采用激光修正的先进工艺制造而成，通常无需外部调整元件，唯一外围元件即电容 CAV，该电容的选择至关重要，影响测量准确度和响应时间等重要参数，尽管增加 CAV 容量可减少纹波电压产生的交流误差，但稳定时间也会按比例增加，使测量时间大大延长。芯片内部具有独立缓冲放大器，既可作为输入缓冲器，也可构成有源滤波器以减少纹波，提高测量准确度。输入端具有过电压保护电路，即使输入电压 $V_{IN}$ 超过电源电压通常也不会损坏芯片。电源电压范围很宽，从 ±3V 至 ±18V 均可正常工作。

AD637 的功能原理图如图 4.129 所示，主要包括四部分：绝对值电压电流转换（ABSOLUTE VALUE VOLTAGE——CURRENT CONVERTER）、平方/除法器（ONE QUADRANT SQUARER/DIVIDER）、滤波放大器（FILTER/AMPLIFIER）和缓冲放大器（BUFFER AMPLIFIER）。AD637 模型测试电路仿真原理图如图 4.130 所示。AD637 测试电路元器件列表见表 4.6。计算公式为

$$V_{rms} = AVG\left[\frac{V_{IN}^2}{V_{rms}}\right] \tag{4.43}$$

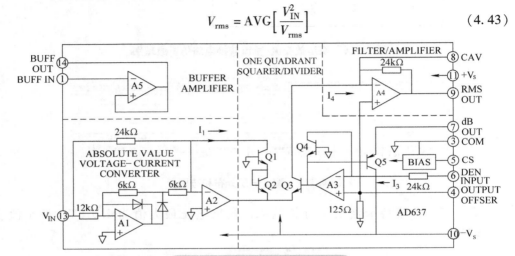

图 4.129　AD637 功能原理图

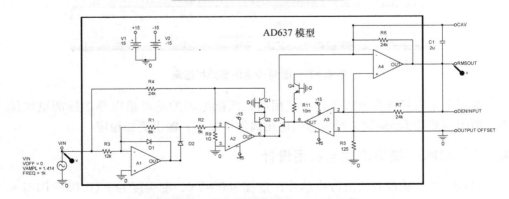

图 4.130　AD637 模型测试电路仿真原理图

直流或交流输入电压经过整流器 A1、A2 转化为单极电流，电流 $I_1$ 驱动平方/除法器电路的一个输入端，平方/除法器完成的运算为 $I_4 = \dfrac{I_1^2}{I_3}$。平方/除法器的输出

电流 $I_4$ 驱动 A4 和外部的平均电容 CAV 构成低通滤波器，该滤波器的输出为 A3 提供分母电流 $I_3$，并返回至平方/除法器完成真有效值计算，$I_4 = \mathrm{AVG}\left[\dfrac{I_1^2}{I_4}\right] = I_1$（rms），从而使得 $V_{\mathrm{OUT}} = V_{\mathrm{IN}}$（rms）。

表 4.6　AD637 测试电路元器件列表

| 编号 | 名称 | 型号 | 参数 | 库 | 功能注释 |
|---|---|---|---|---|---|
| R1、R2 | 电阻 | R | 6k | ANALOG | 绝对值 |
| R3 | 电阻 | R | 12k | ANALOG | 绝对值 |
| R4 | 电阻 | R | 24 | ANALOG | 绝对值 |
| R5 | 电阻 | R | 125 | ANALOG | 防止悬空 |
| R6、R7 | 电阻 | R | 24k | ANALOG | 放大 |
| R9 | 电阻 | R | 1G | ANALOG | 防止悬空 |
| R11 | 电阻 | R | 10m | ANALOG | 限流 |
| C1 | 电容 | C | 2μ | ANALOG | 滤波 |
| Q1 ~ Q4 | 晶体管 | Q2N5551 | | BIPOLAR | 有效值转换 |
| D1、D2 | 二极管 | D1N4148 | | DIODE | 隔离 |
| A1、A4 | 运放 | OPAMP | | ANALOG | 放大 |
| A2、A3 | 运放 | LF351 | | TEX_ INST | 放大 |
| V1、V2 | 直流电压源 | VDC | 15，−15 | SOURCE | 运放供电 |
| VIN | 交流信号源 | VSIN | SIN 0 1.414 1k，DC = 1 | SOURCE | 输入信号源 |

图 4.131 和图 4.132 为 AD637 测试波形，输出电压有效值的最大值为 1.004V，最小值为 1.001V，最大误差约千分之四；输入电压为幅值 1.414V、频率 1kHz 的正弦波；输出直流电压有效值为 1V，AD637 实现交流有效值变换功能。

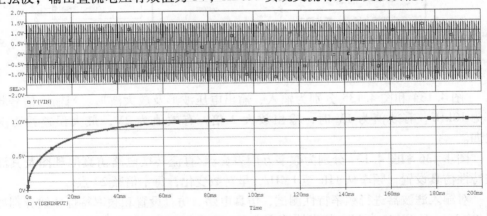

图 4.131　AD637 测试电路输入、输出电压波形

图 4.133 为数字万用表的交流/直流有效值转换实际应用电路，包括输入级的交流滤波、隔直、增益调节电路和输出级的 AD637 有效值转换电路。电容 $C_4$ 和 $C_8$

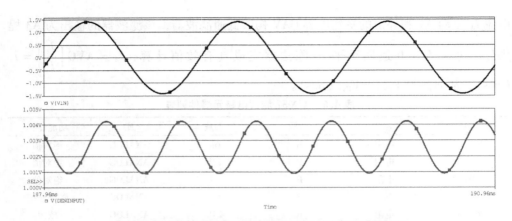

图 4.132    AD637 测试电路输入、输出电压放大波形

实现输入信号隔直，电阻 $R_3$ 与 $R_1$ 的比值确定增益放大倍数，其他阻容元件实现交流滤波功能。AD637 和滤波电容 $C_1$ 实现交流有效值转换，电容 $C_1$ 通常取值为 $1 \sim 10\mu F$。

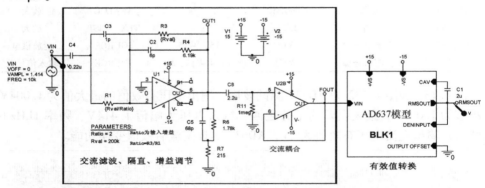

图 4.133    数字万用表交流/直流有效转换实际应用电路仿真原理图

图 4.134 和图 4.135 分别为输入、输出电压波形及放大波形。当输入信号频率为 10kHz，有效值为 1V 时，输出放大 2 倍，有效值为 2V，最大误差约万分之四。

图 4.136 和图 4.137 分别为数字万用表交流/直流转换电路仿真原理图及其滤波特性仿真设置，频率从 1Hz 至 1MHz，呈对数变化，每十倍频 20 点。

对输入滤波器进行频率特性测试，仿真电路、仿真设置和频率特性曲线分别如图 4.136 ~ 图 4.138 所示。频率特性曲线中上侧为相频曲线，下侧为幅频曲线。滤波电路为反相放大器，所以通频率带移相为 180°，放大倍数为 2 倍，即 6dB。利用 3dB 测量函数求得频带宽度：Bandwidth _ Bandpass _ 3dB（DB（V（FOUT）））＝ 124.7kHz。3dB 带宽测量如图 4.139 所示。

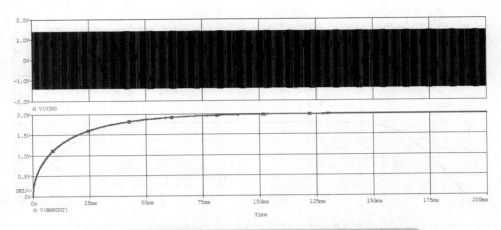

图 4.134　数字万用表交流/直流转换电路输入、输出电压波形

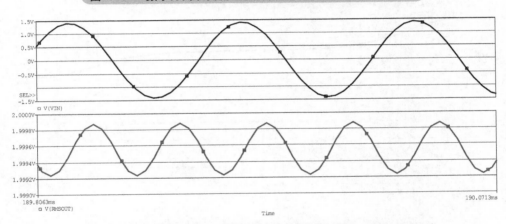

图 4.135　数字万用表交流/直流转换电路输入、输出电压放大波形

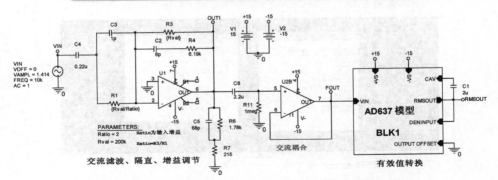

图 4.136　数字万用表交流/直流转换滤波电路仿真原理图

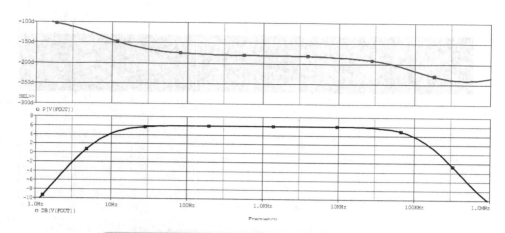

图 4. 137　数字万用表交流/直流转换滤波特性仿真设置

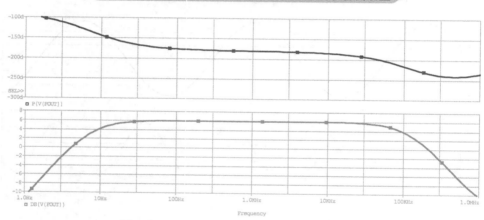

图 4. 138　数字万用表交流/直流转换滤波器频率特性曲线

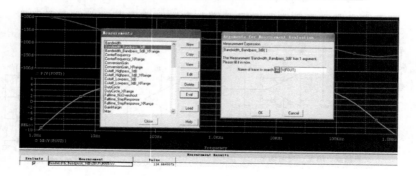

图 4. 139　3dB 带宽测量

# 第 5 章
# 线性电源保护

本章主要讲解线性电源保护，包括过电压保护、欠电压保护、过载保护、折返电流限制和浪涌抑制。首先分析各种保护的工作原理和具体性能，然后进行参数设置与保护器件选型，另外对保护的局限性也进行了简要的说明。每种保护方式结合实际电路进行具体分析，使读者学习时更加有的放矢。

## 5.1 过电压保护

电源发生故障时通常输出电压可能高于规定值，如果未设计保护电路，输出电压过高可能损坏电源内部或外部设备。为避免上述不正常工作情况发生，通常在电源中加入过电压保护电路。因为 TTL 电路过电压时非常易于损坏，所以 5V 输出提供过电压保护已成为工业应用标准。另外根据系统工程师或使用者需要设定具体输出电压值来进行实际保护。

### 5.1.1　过电压保护分类

过电压保护大致分为 3 类：第 1 类——简单晶闸管过电压急剧保护；第 2 类——基于电压箝位技术的过电压保护；第 3 类——基于限压技术的过电压保护。根据电源电路结构、性能指标以及成本选择过电压保护具体类型，进行实际保护设计。

### 5.1.2　晶闸管过电压急剧保护

过电压急剧保护在响应电源输出过电压时短路电源输出端，如果电源输出电压在规定时间内超过预置值，则短路器件（通常为晶闸管）发生动作，短路电源输出端使其电压迅速降低。典型晶闸管过电压急剧保护电路如图 5.1a 所示，该保护电路与线性调整器的输出端相连。电路出现故障时晶闸管过电压急剧保护电路只能提供短期保护，并且旁路器件必须具有足够大的功率以承担短路电流。当超过规定时间或外部电流限制的短路电流时，必须使用熔断器或断路器来保护晶闸管不受永久损害。

　　线性调整器直流电源通常采用晶闸管过电压急剧保护电路，常用简单应用电路如图 5.1a 所示。线性调整器与过电压急剧保护电路工作原理：未经调整的直流输入电压 $V_H$ 经过串联晶体管 Q1 后电压下降，同时提供稳压调整之后的低输出电压 $V_{out}$，放大器 A1 与电阻 R1、R2 为调整器提供电压反馈控制，晶体管 Q2 与限流电阻 RI 用于限流保护。

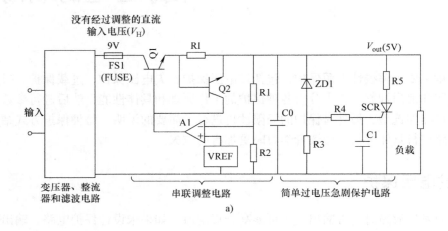

a)

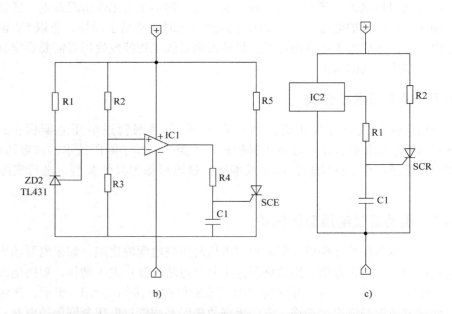

b)　　　　　　　　　　　　　　　　c)

**图 5.1　典型晶闸管过电压急剧保护电路**
a）应用于简单线性电源中的晶闸管过电压急剧保护电路　b）使用比较器的精确
晶闸管过电压急剧保护电路　c）采用专用控制 IC 驱动晶闸管的过电压急剧保护电路

串联调整管 Q1 短路时通常引起灾难性电路故障，此时未经调整的较高的输入电压 $V_H$ 直达输出端，电路失去电压控制和电流限制功能，此时起过电压急剧保护作用的晶闸管必须工作，短路输出端。

输出过电压故障时，过电压急剧保护电路工作原理如下：当输出电压上升至设定电压值时，齐纳二极管 ZDl 导通，驱动电流通过 R4 为晶闸管栅极延时电容 C1 充电。经由 R4、电容 C1 确定的短暂延时后，C1 对晶闸管栅极充电至电压为导通电压值（0.6V），然后晶闸管导通，利用小阻值限流电阻 R5 短路输出端，此时大电流从未调整的直流输入端流过过电压急剧保护晶闸管。为防止晶闸管功耗过大，线性调整电路的未稳压直流电源中增加熔断器或断路器，当串联调整管 Q1 发生短路故障时，熔断器或断路器断开，使得过电压急剧保护晶闸管在损坏之前将主电源与输出端隔断。

应合理选择过电压急剧保护晶闸管及其旁路器件，并且确保所选器件的承受能力超过熔断器或断路器的"允通"功率。对于晶闸管和熔断器，"允通"功率通常定义为 $I^2t$，式中，$I$ 为故障电流；$t$ 为熔断器或断路器的动作时间。

通常系统工程师假定过电压急剧保护电路能够提供充分保护，但是该保护电路并非总能提供完美的保护，电路系统可能发生非正常情况。成熟的电源设计中通常选择过电压急剧保护晶闸管保护负载免受内部电源故障的影响，此时故障发生时的最大允通功率由合适型号的内部熔断器确定。因此电源和负载相对于内部故障得到100% 保护。完整电源系统可能包含外部电源，该电源也可能连接晶闸管保护电源端而产生某些系统故障。故障发生时流经过电压急剧保护器件的电流可能超过其额定电流，此时该保护器件可能发生故障，例如开路，此时负载处于过电压状态。

系统工程师、用户和电源设计师协同处理外部故障负载，共同考虑最坏情况下的故障状态，以便为线性电源提供最合适的过电压急剧保护器件。

## 5.1.3　过电压急剧保护电路的性能

精确过电压急剧保护电路如图 5.1b、c 所示，此类电路的选择由所需性能来确定。简单过电压急剧保护电路通常在理想快速保护与延时动作之间进行折中选择。

最优保护应该为快速动作而无延时的过电压急剧保护，此时需要确定正好超过正常电源输出电压的工作电平。但是简单快速动作的过电压急剧保护电路通常受到许多干扰影响，甚至对输出端的轻微变化都做出响应。例如普通线性调整器的负载突然减少时将导致输出电压过冲，过冲幅度由电源瞬态响应特性及瞬变负载大小决定。采用高速工作的过电压急剧保护电路中，瞬变过电压状态可能导致不必要的过电压急剧保护行为而关闭电源。为了减少由于干扰而关掉电源的可能性，通常选择的方法为提供较高工作电压和延时。因此简单过电压急剧保护电路必须在工作电压、延时时间与保护之间进行折中。

图 5.2a 为线性调整器中对某种过电压故障所做的典型延时过电压急剧保护反

应，图 5.1d 中调整管 Q1 在 $t_1$ 时刻已经产生短路故障，此时输出电压迅速从正常调整的端电压值 $V_0$ 上升至输入电压值 $V_H$，输出电压上升速度由回路电感、电源电阻、输出电容参数值确定。图 5.1d 中过电压急剧保护电压 $V_{OVP}$ 设置为 5.5V，出现在 $t_2$ 时刻；由于过电压急剧保护电路延时工作，从 $t_2$ 至 $t_3$ 有 $30\mu s$ 典型延时，然后出现电压过冲。如果输出端电压变化率如图所示，直到输出电压达到 6V 时过电压急剧保护才起作用。此时熔断器从 $t_3$ 至 $t_4$ 的熔断时间将输出电压箝位至较低电压值 $V_C$，然后输出电压变为零。上述过程为外部负载电路提供全范围保护。

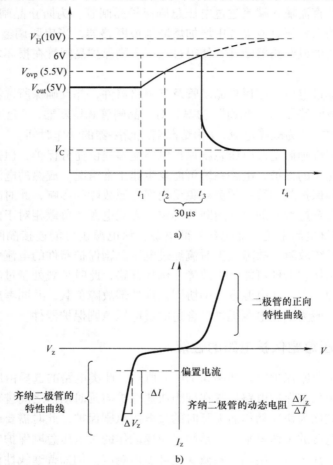

**图 5.2　典型特性曲线**
a）具有延时特性过电压急剧保护电路的典型特性曲线　b）齐纳二极管典型特性曲线

　　本例选择合适晶闸管延时时间以满足线性电源瞬态响应时间，尽管该延时可能防止干扰造成关断，但可以清楚看出，如果在延时时间内最大输出电压未超过负载最大额定电压（例如 6.5V），则故障情况下必须限制输出电压变化率 $dv/dt$ 的最大值。小输出电容和低内阻电源所要求的 $dv/dt$ 也许不能得到满足，但电源设计者通过检查故障模式下的输出电压变化率进行具体判断。电源内阻由变压器电阻、整流二极管电阻、电流传感电阻以及熔断器的固有电阻等组成，通常电源内阻能够满足实际设计要求。

## 5.1.4 简单过电压急剧保护电路的局限性

图 5.1a 所示简单过电压急剧保护电路依靠其低成本和电路简单等优点成为通用电路，但是其工作电压不精确，例如齐纳二极管温度系数和误差、晶闸管栅极与阴极工作电压变化等元器件参数非常敏感。另外电容 C1 确定的延时时间并非稳定不变，而取决于过电压值、串联齐纳二极管 ZDl 参数以及晶闸管栅极工作电压。

过电压出现时齐纳二极管导通，此时通过 R4 为电容 C1 充电，以提供晶闸管栅极导通电压。该充电电路的时间常数为 ZDl 动态电阻的函数，此动态电阻由 ZDl 参数以及流过 ZDl 的电流确定。因为 ZDl 的动态电阻非常容易变化，所示引起较大的晶闸管工作延时变化。该电路唯一优点是施加的过电压增加时延时时间减少。电阻 R1 用于确保齐纳二极管进入线性偏压区，此电压低于栅极导通电压，从而产生输出驱动电压。图 5.2b 通过齐纳二极管特性曲线标出合适偏压点。

图 5.1b 为精确过电压保护电路，精确参考电压由集成电路参考电源 ZD2 提供。本例中 ZD2 为 TL431，通过基于 ZD2 的积分电路形成精确参考电压。ZD2 和比较器 IC1 以及 R3、R2 组成的分压网络共同确定晶闸管工作电压。该设计中晶闸管工作电压得到准确定义，同时该电压几乎不受晶闸管栅极电压变化的影响。R4 电阻值可以很大，另外 R4、C1 时间常数定义准确延时时间。因为比较器最大输出电压随供电电压增大而增加，所以供电电压越高延时时间越短。

上述涉及的过电压控制集成电路均有现成产品，图 5.1c 为典型应用实例。由于某些电压控制集成电路在加电瞬间不能正确工作，而此时可能正是其发挥作用之时，所以实际设计电路时应该仔细选择专用集成保护电路以满足实际要求。

## 5.1.5 过电压箝位

小功率电源通常采用简单箝位电路实现过电压保护，例如采用旁路齐纳二极管就能提供有效过电压保护。如果要求稳压电源具有较大电流输出能力，利用旁路晶体管即可实现。基于旁路调整管的电压箝位电路具体如图 5.3 所示。

当电路中使用电压箝位器件时电源功率损耗相当大，同时电源内阻必须限制电流在可接受程度。因此旁路箝位技术只适用于故障情况下电源内阻确定而且较大的场合。许多情况下该类箝位保护主要依靠旁路电路或功率限制电路的作用完成保护功能。

箝位技术的主要优点是无延时，另外该电路无需过电压之后进行复位。箝位过电压电路通常能够较好地保护电源输出负载端，此时可将其当作系统负载的组成

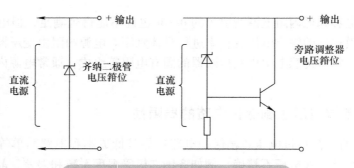

**图 5.3    基于旁路调整管的电压箝位电路**

部分。

## 5.1.6    晶闸管过电压箝位

实际电路设计时可将快速反应的电压箝位与更高效的晶闸管过电压急剧保护电路相结合，组合电路中晶闸管延时将不再与负载保护冲突，因为箝位保护电路在延时时间内提供负载保护。

进行小功率电源设计时，将图 5.3 中的延时过电压急剧保护电路与旁路齐纳箝位二极管进行简单组合便可得到较好的过电压保护效果。

大电流电源仅仅使用齐纳箝位二极管技术将会造成太大功率损耗，只用简单过电压急剧保护电路将产生延时，如果不采用电压箝位电路，此延时将不可避免地形成电压过冲，负载设备可能无法接受，并且过电压急剧保护快速反应引起的干扰关断也造成系统不能正常工作。

重要应用设计中应采用更复杂的保护系统，动态电压箝位电路与延时自调整的晶闸管过电压急剧保护电路组合能够得到最佳保护结果。该组合电路既能消除干扰引起的系统关断，又能在晶闸管延时期间防止电压过冲。箝位期间应力太大时延时时间缩短，以防止过大的功率损耗，具体电路如图 5.4a 所示，图 5.4b 为工作特性曲线。

图 5.4a 所示电路通过比较放大器 A1 对输入电压进行监测，该比较放大器把 ZD1 产生的内部参考电压与取样网络 R1、R2 从电源输出端得到的取样电压进行比较，该取样电压的大小通过电阻 R1 进行调整。输出过电压出现时比较器同相输入端电压升高，使得 A1 输出为高，此时电流流过 R4、ZD2、Q1 的基极—发射极，以及 R6，使得箝位晶体管 Q1 导通。

此刻 Q1 作为旁路调整器，通过对电流进行有效分流以保证输出电压箝位在规定值。箝位过程中 ZD2 导通，A 点电压升高，其具体电压值由齐纳二极管压降、Q1 的基极—发射极压降，以及电阻 R6 的压降决定。A 点电压通过 R7、C1、R8 连接至 SCR1 驱动端，同时为电容 C1 充电至 SCR1 的栅极达到其导通电压值。如果输出过电压持续时间足够长，C1 电压将充电至 0.6V，同时 SCR1 导通使得电源输出端短路至地端。图 5.3 中电阻 R9 用于限制流过 SCR1 的峰值电流。

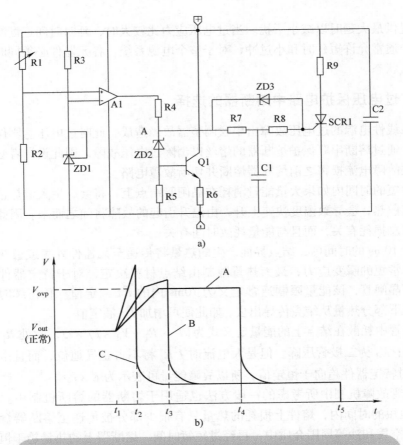

**图 5.4　过电压保护组合电路及工作特性曲线**
a）过电压保护组合电路　b）过电压保护组合电路工作特性曲线

图 5.4b 为电路工作特性曲线，过电压限制时"A"点电压变化曲线工作状态如下：$t_1$ 时刻过电压故障出现，同时输出电压上升至电压箝位点 $V_{ovp}$，然后 Q1 导通对输出电流进行适当分流以保持输出电压在 $t_4$ 之前恒为 $V_{ovp}$；$t_4$ 瞬间 SCR1 导通，使得输出电压减小为晶闸管饱和电压值；$t_5$ 时刻外部熔断器或断路器工作，电源断开。由图 5.4 可知，如果箝位动作未发生就会由于延时过长和快速上升电压沿使得输出电压增大至系统故障。

如果箝位期间流过 Q1 的电流很大，则发射极电阻 R6 上的压降将快速上升，同时使得"A"点电压快速增大。结果加至 SCR1 的延迟时间减少至 $t_3$，则减小的延时将减少 Q1 过电压过程，具体特性如图 5.4b 中曲线"B"所示。

箝位期间电流非常大并且过电压非常高，电阻 R6 压降非常大使得齐纳二极管 ZD3 导通，将正常延时网络旁路，使得 SCR1 在 $t_2$ 时刻迅速触发使得电源关闭，具体如图 5.4 中的曲线"C"所示。

组合电路提供全范围过电压保护，对于较小功率的电源、低强度的过电压瞬变情况时提供最大延时以减小干扰。当过电压应力比较大时，延时时间逐渐减小，实际故障中通常允许短延时和小过冲，对于整个电源系统，各元器件必须同时满足最大过电压状态。

### 5.1.7  过电压保护电路中熔断器的选择

如果线性电源的过电压故障由串联调整器故障造成，此时过电压急剧保护晶闸管导通，通过熔断串联保护熔断器的熔丝以消除过电压故障。因此设计者必须确保晶闸管被故障电流损害之前熔断器熔断并切断故障电路。

非常短的时间内如果大量能量消耗在晶闸管结点上，将会产生大量热量，如果不能快速散热，会导致温度快速上升，由温升引起的故障将随之而来。因此故障成因不仅与总损耗有关，而且与能量耗散时间有关。

小于 10ms 的时间内，结点界面产生的热量将传递至元器件外壳或散热器。因此对于非常短的瞬变应力，最大热量限制由结点材料决定，对于特定器件几乎不变。对于晶闸管，该能量限制通常定义为 10ms 内的 $I^2t$ 额定值。长持续时间、低强度情况下部分热量从结点传导出去，如此便可增加 $I^2t$ 额定值。

晶闸管中耗散在结点上的能量定义式为 $( I^2 \times R_j + V_d \times I ) \times tJ$，此处 $R_j$ 为结点斜率电阻；$V_d$ 为二极管压降。但是大电流时 $I^2R_j$ 将不占主导地位，而且由于斜率电阻 $R_j$ 对特定器件趋向于恒定值，所以故障能量可表示为 $K \times I^2t$。

晶闸管故障机制中所考虑的一般方法也适用于熔断器的熔断机制中。在小于 10ms 的很短的时间内，熔件上损耗的热量只有很少部分被传递至熔断器盒、熔断器管以及空气和沙等周围介质中，再经过短暂时间，熔断器上的热量趋于恒定，此即熔断器 10ms 内 $I^2t$ 的额定值。当持续时间较长、应力较低时，一部分热量将被传导出去，如此便增加了 $I^2t$ 的额定值，典型快速熔断器的 $I^2t$ 额定值随应力变化特性曲线如图 5.5 所示。现代熔断器技术相当成功，不同设计可获得不同熔断器性能。长时间工作的熔断器用于短时瞬变时，其特性完全不同，例如电动机起动以及其他大冲击电流的加载需要选择慢型熔断器，该类熔断器使用较多发热熔件，可在短时间内承受很大热量而不会熔断，因此与长时间工作的额定值相比，慢型熔断器具有相当大的 $I^2t$ 额定值。

快速半导体熔断器由低熔点材料组成，此类熔断器里面通常充满化学处理过的高纯度石英砂或者矾土，以便正常加载时电流产生的热量能够从低熔点熔断器传导出去，以获得较大电流额定值。如前面所述，较短时间内热传导影响可忽略不计，同时如果部分总能量迅速消耗在熔件上，长时间积累后也能导致熔断器熔断。相对于长时间工作的熔断器，快速半导体熔断器具有非常低的 $I^2t$ 额定值，因此对晶闸管及其外部负载具有更高效的保护。

"慢熔断"、"正常熔断"和"快速熔断"型熔断器的电流—时间特性实例曲线如图 5.4 所示。应该注意，假定所有场合允许的长期熔断电流为 10A，但是短期 $I^2t$ 额定

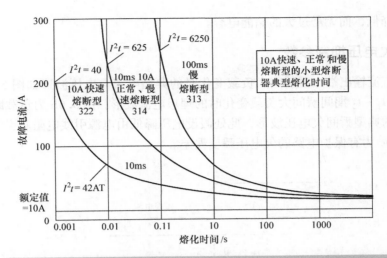

**图 5.5　快速、正常和慢熔断型熔断器的典型熔化热能值 $I^2t$ 和熔化时间**

值却从快速熔断器 10ms 的 42A 变为慢速熔断器 100ms 超过 6000A 范围内变化。因为晶闸管过电压急剧保护的 $I^2t$ 额定值一定超过熔断器的 $I^2t$ 额定值，所以务必仔细选择。同时牢记，线性稳压器中输出电容一定经过过电压急剧保护电路的晶闸管放电而非通过处在电路中的熔断器。因为晶闸管最大电流以及 $\mathrm{d}i/\mathrm{d}t$ 必须同时满足，所以通常必须在晶闸管阳极串接限流电感或者电阻，具体如图 5.4a 中的电阻 R9。

　　晶闸管的 $I^2t$ 额定值必须保留足够余量以承担存储在输出电容中的能量 $1/2CV^2$ 产生的损耗，而熔断器也应该能够承受此能量损耗。选择晶闸管额定值时应该考虑连接此电源的其他外部功率源对短路的影响。

　　上述实例假设熔断器工作于无感低压回路，所以该电路未考虑电弧和熔融能量的影响。高压或者大电感回路中熔断器熔断期间将出现电弧，从而增加 $I^2t$ 的容许能量，因此选择熔断器和晶闸管时应全面、系统地考虑电路的整体工作状态。

## 5.2 欠电压保护

　　系统设计中欠电压保护经常被忽略，大多数电源系统中突然快速增加的负载电流如磁盘驱动器的冲击电流将导致电源输出电压下降，主要由于瞬时负载电流的快速增加、电源有限的反应时间以及具体连线造成。

　　即使电源本身具有良好的瞬态响应特性，当负载从电源移走时，由于连线电阻和电感的影响，也会出现负载电压降低。

　　当负载变化相对较小而且时间短暂，负载瞬变期间与电源负载端并联的低阻抗电容将会保持输出电压不变。然而对于持续时间为毫秒的大负载变化，则需容量很大的旁路电容维持输出电压接近正常值。通过增加"欠电压抑制电路"能够阻止输出电压降低，而无需过大的储能电容。

## 5.2.1   欠电压抑制参数

电源直流输出端出现瞬间大负载变化时的典型电流与电压波形如图 5.6 所示，图 5.6a 为 $t_1 \sim t_2$ 期间瞬间大负载变化时的理想电流波形；图 5.6b 为负载瞬变时负载上出现的典型瞬间欠电压波形，此处假设电压降低由电源引线电阻和引线电感引起；图 5.6c 为有保护电路的欠电压瞬变误差。

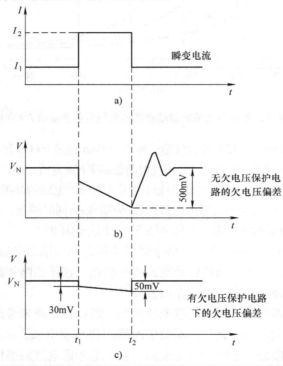

**图 5.6   典型"欠电压瞬变保护"电路特性曲线**
a）负载电流瞬变   b）无保护电路的典型欠电压瞬变误差   c）有保护电路的典型欠电压瞬变误差

欠电压抑制电路应该通过单独导线连接至电源输出端，具体如图 5.6 所示，使用两个小电容 C1 和 C2 中存储的能量消除欠电压瞬变，瞬变期间通过动态电路提供所需电流，以阻止负载端出现较大电压偏差；C1 和 C2 容值可以非常小，其存储能量的 75% 可用于欠电压抑制。具体工作过程及典型波形如图 5.6 所示。欠电压抑制电路连接位置与方法如图 5.7 所示。

## 5.2.2   欠电压工作原理

整个欠电压抑制电路如图 5.8 所示，某种能量存储与转移电路如图 5.8a 所示，SW1 打开时分别通过电阻 R1 和 R2 对 C1 与 C2 充电，其最后电压值达到电源电压，

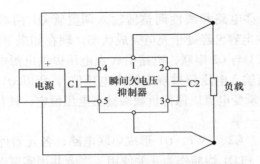

图 5.7 欠电压抑制电路连接位置与方法

如果将电路从电源移开并且 SW1 闭合，则 C1 与 C2 串联连接，此时电路两端出现为电源电压的 2 倍。

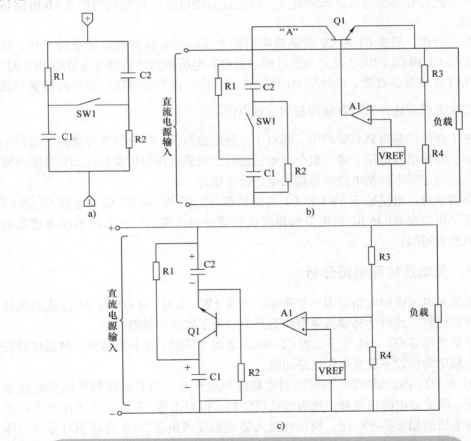

图 5.8 欠电压抑制电路

a）能量存储与转移电路 b）连接线性调整器输入调整管 Q1 两端 c）实际应用电路

　　将能量存储与转移电路和线性调整器输入调整管 Q1 两端相连接，具体如图 5.8b 所示，此时图中电容已经处于充电完成状态。现在如果电路处于欠电压状态，则 SW1 闭合，电容 C1 与 C2 串联，电路中 A 点电压提供电源电压的 2 倍。因为此时线性调整管的 A 点输入电压超过规定输出电压值 ，所以 Q1 可作为线性调整器工作，用于提供所需瞬变电流以保持负载端输出电压恒定，该状态持续到 C1 和 C2 放电至其初始电压的一半。

　　动态调整时，C1、C2、SW1、Q1 形成串联电路，各元器件位置不会影响电路整体功能。另外 SW1 和 Q1 均能作为开关使用，二者共用实属多余，本例子中 SW1 多余。

　　欠电压抑制实际应用电路如图 5.8c 所示，图中 SW1 已经去掉，Q1 已经移至 SW1 原来所在的位置。现在 Q1 完成前述 SW1 的开关功能和 Q1 的线性调整管功能。尽管此种替换性能不是非常明显，但通过验证可说明该电路与图 5.8b 电路特性相同。

　　如前所述，只要 C1 和 C2 能够维持所需电压，则电压调整就能维持工作，负载电流与 C1 和 C2 的大小决定调整过程。当电容电压达到约初始电压值的 50% 时，由于此时 A 点电压过低，晶体管 Q1 停止调整功能。因为存储在电容中的能量与其电压二次方成正比，所以存储能量的 $\frac{3}{4}$ 可以使用。

　　由于存储能量得到有效利用，相对于旁路电容而言，C1 和 C2 可选择容值较小的电容。即使电容电压下降，整个欠电压过程中负载电压也能保持在 mV 范围内变化，因此通过瞬态抑制电路使得输出电压保持稳定。

　　应当注意：电路处于 SW1 和 Q1 关断状态，电阻 R1 和 R2 成为电容 C1 和 C2 的负载，所以在 R1 和 R2 的阻值选择时应该进行折中考虑——大阻值时电容负载小，但充电时间长。

## 5.2.3　欠电压实际电路分析

　　实际欠电压保护电路如图 5.9 所示，开关 SW1 或 Q1 由 Q3 和 Q4 组成的达林顿晶体管代替，此时达林顿晶体管作为开关应用于线性调整器。

　　尽管晶体管 Q3、Q4 位于电容 C1 和 C2 之间，根据上述分析可知，两晶体管在串联电路中的位置不改变串联电路功能。

　　Q1 和 Q2 为驱动和线性调整控制电路的组成部分，初看电路似乎缺少标准参考电压，因此该电路很难被识别为线性调整器。但是电容 C3 建立了正比于指定正常电源电压的相对参考电压，所以此处无需绝对参考电压，C3 完成相对参考电压设置，使得电路自动实现电压跟随，因此该电路能够对任意电源欠电压行为做出反应，而无需针对特定电压值。

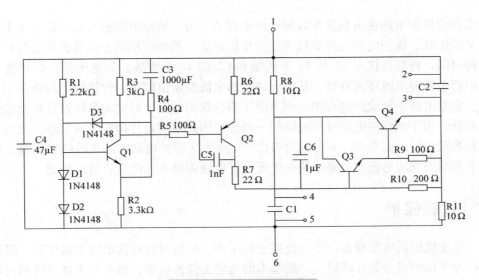

图5.9　实际欠电压保护电路

## 5.2.4　欠电压实际电路工作原理

由 R1、D1 和 D2 组成的分压网络为 Q1 基极提供偏置电压，Q1 导通之后将在电阻 R2 上形成压降，即 Q1 的第二偏压，该偏压约为二极管压降 0.6V。流过电阻 R3 的电流与流过 R2 的电流几乎相等，同时在 R3 上形成第三偏压，因为 R3 略小于 R2，所以该偏压值略小于 R2 两端电压值。

因此静态时晶体管 Q2 关断，同时电容 C3 通过 R4、R2、D3、D1 以及 D2 进行充电，所以其负端电压最终值与 Q1 发射极电压相等，C1 与 C2 通过 10Ω 电阻充电至输入电源电压。

## 5.2.5　欠电压瞬变行为

瞬变电流出现时，引起负载端即输出端 1～6 电压降低，而 C3 负端跟踪该变化，使得 Q1 发射极电位变为负。输出端电压经过几毫伏变化后 Q1 开始导通，使得 Q2 导通，从而使得 Q3 和 Q4 组成的达林顿晶体管导通。

然后 C1 与 C2 串联为输出端 1～6 提供驱动电流以阻止终端电压进一步降低，从而 C1 和 C2 存储的电荷维持终端电压稳定。应当注意，正常工作时电路通过 C3 上的电压变化自动跟踪低于正常工作电压的偏差。因为控制电路总处于工作状态而且近乎导通，所以响应速度非常快。旁路电容 C4 用于 Q3、Q4 极短导通时间内维持输出电压稳定。

只要输出电压低于正常值定义范围，典型值为 30mV，欠电压箝位将会出现，并且自动跟踪无欠电压保护电路时的工作电压，此工作电压对应电源输出电压。欠电压箝位保护电路在负载瞬变故障中非常有效。为了消除电源输入端工作电压下降带来的影响，保护电路最好靠近瞬变发生负载端。某些应用场合需要额外电容延长保持时间，将其连接至 C1 的 2、3 两端和 C2 的 4、5 两端。欠电压箝位保护技术对电源中峰值电流要求降低，从而允许使用电流额定值较小、价格较低的电源。

完整电源系统设计过程中采用欠电压箝位保护电路已经成为系统设计理念的组成部分，由于该保护电路并非电源的一部分，因此系统设计师应该对其进行全面思考和系统设计。图 5.6b、c 分别为有保护电路和无保护电路时的负载特性曲线，即使电源瞬态响应迅速，但是采用欠电压保护电路能够大大改良负载端性能。

## 5.3　过载保护

专业级别的电源通常需要全范围过载保护，包括对所有输出的短路保护、限流保护等。保护可分为几种形式，最基本的功能为保护电源，而不考虑过载值和过载时间，甚至持续短路情况。

理想保护为负载也能受到保护，为实现该目标，限制电流值不能超过技术指标额定值的 20%，使用者应选择电流额定值以满足应用需要。通常确保电源、插头、电缆、印制电路板引线和负载在故障时均能被完全保护。全范围保护的代价相当高，对于小型、低功率电路，有时全范围保护并不必要，该类电源可以使用简单的功率限制电路，但输出过载的非常情况下存在薄弱环节。

过载保护通常分为如下类型：功率限制、输出恒流限制、熔断器或跳闸装置、输出折返电流限制，接下来对每种过载保护进行具体讲解。

### 5.3.1　超功率限制

超功率限制：通常用于单输出或者反激电源中，是基本电源短路保护技术，根据保护条件不同，电源可设计为过载去除时关断或自动复位。

超功率限制通常分为如下 4 种形式：变压器一次侧超功率限制、超功率延时关断、恒功率限制。

变压器一次侧超功率限制：变压器一次功率受到监视，当负载存在超过设定最大值的趋势时，通过限制输入功率阻止输出功率继续增大。通常电源采用变压器一次侧超功率限制时输出电流关断曲线形状很难确定，但是该方法设计和生产成本低，所以变压器一次侧超功率限制已经在小功率、低成本电源中得到普遍采用。应当注意，如果在多输出系统中发生负载故障并且只有一路发生过载，则本来被设计成只提供总功率很小一部分的供电电路将承担全部输出功率。

简易变压器一次侧超功率限制电路经常只能在短路情况下提供全范围保护，当特殊过载情况发生时，特别过载在多输出系统中的某一输出端发生时，存在易受攻击的薄弱环节。如果此时过载持续一段时间，过载电路将导致电源的真正故障。因此最好的方法为关断电源以尽快去除功率应力。

超功率延时关断保护：对于小功率、低成本电源，最有效的过载保护方法为超功率延时关断保护技术。如果负载功率大于预定最大值，其持续时间也超过规定的安全工作时间，则电源将被关断并停止供电。

该技术不仅为电源与负载提供最大保护，而且对于小型电源来说最节省成本。可能该技术并未被广泛采用，但是其作用不得被忽略，过载发生时，利用延时关断保护能够有效地关断电源。持续过载通常表示设备中存在故障，采用关断技术能为负载和电源提供全范围保护。

许多技术要求排除简易跳闸型保护的可能性，因为实际设计时要求过载后系统能够自动恢复运行。如果使用者以前采用无足够电流范围保证和延时关断的折返型或跳闸系统，因而遇到"锁定"或噪声关断的糟糕现象，于是要求采用自动恢复技术。现代电源对于短时间超过连续工作额定值的情况仍能输出电流，即使采用关断系统，带有延时关断的电源也不会发生锁定现象。

延时跳闸型系统中短时瞬变电流应被容许，只有在电流应力长时间超过安全值时才将电源关断。短时瞬变电流不会危害电源的可靠性，也不会给电源成本带来很大影响。只有长期持续电流的要求才会影响电源成本和体积。电源输出大的瞬变电流时其整体性能将会降低，可能超过规定电压误差和纹波值，易受大而短时的瞬变电流影响的负载典型实例，如软盘驱动器和螺线管驱动器。

恒功率限制：通过限制最大传输功率以保护一次侧电路，此时一次峰值电流受到限制，同时限制电源传递功率，但是有些情况不能保护二次侧元器件。

当负载电阻减少、负载超过限定值时输出电压开始下降。正是因为规定了输入和相应输出电压、电流乘积，当输出电压开始下降时，输出电流将会上升。负载短路时输出电流将会变得很大，电源消耗功率增加。此类功率限制一般只作为某些限制技术的补充，以共同实现电路保护功能。

### 5.3.2  输出恒流限制

故障发生时通过限制容许通过的最大电流能够非常有效地保护电源和负载，输出恒流限制对负载电流最大值进行限制，即将输出最大电流值限定为恒定值，典型特性曲线如图 5.10 所示。

在图 5.10 中，R1 为大电阻时负载最小，R3 为中值电阻时负载最大。负载从最小值增加到最大值时电流增大、电压不变，曲线沿着 P1→P2→P3 变化，即电源在正常工作范围内的电流和电压变化曲线。

当受限电流达到 P3 点时将不容许电流继续增加，负载电阻值继续向零的方向下降时，输出电流仍然保持恒定值，同时电压值必须朝零方向下降，如图 5.10 中曲线 P3 – P4。电流限制区域常常不能确定，工作点将是负载为 R4 时 P4 – P5 范围中的某点。

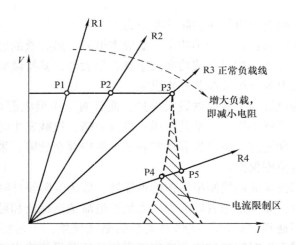

图 5.10　"恒流限制型"电源的典型 *V/I* 特性曲线——电阻负载

电流限制经常作为电源保护机制，但是限流范围内的特性曲线不能很好确定，由于负载电阻变零而导致限流范围 P4 – P5 变动可达 20%，如需确定恒流范围，应该设置固定"恒流源"。

电流限制电路通常应用于功率变换器变压器二次侧，多输出系统中每路输出均有各自单独的限流电路，并且每路输出的限流值都能单独设定，而忽略电源的功率额定值。如果所有输出同时满载，则全部输出功率值将会超过最大功率值。因此基本功率限制保护经常为二次电流限制提供辅助作用。发生故障时一次侧和二次侧的元器件均能得到全范围保护，而且负载电流在任何时刻都被限制在最大额定值内。

输出恒流限制技术能够为用电设备与电源提供最好的保护，例如限流值可与每路电源设计的额定值相同，对非线性负载或者交叉连接负载只产生最小误差，而且与折返电流限制系统有关的锁定难题也完全消失，同时提供过载消失之后的自动恢复功能。当限流值设置在连续工作范围内的某个固定值时，该保护单元可并行工作。尽管输出恒流保护造价比较昂贵，但是专业级电源中通常广泛采用这一技术。

### 5.3.3　熔断器、限流电路或跳闸设备的过载保护

机械式或机电式电流保护元器件需要通过操作人员干预进行复位，通常只作为自复位电子保护方法的备用方法或最后一种保护方法，当常用电子保护失效时才起作用。

保护元器件有熔断器、易熔熔断器、易熔电阻、电阻、热敏开关、断路器和PTC 热敏电阻等，此类元器件均有各自应用场合，在具体应用中必须考虑其使用特点。使用熔丝时务必牢记，熔断器的熔丝熔断前，当电流超过熔丝额定值而熔丝未熔断之时，电流还可在相当长的时间内通过烙丝，当熔丝工作于额定值或接近额定值时寿命有限，应该定期更换；熔丝需要损耗功率，使用时应考虑其电阻值，用于

输出电路中时其阻值高于电源正常输出电阻。

　　同时熔丝确实得到很好的应用，当大电流输出端输出几百毫安的少量逻辑电流时，需要采用熔丝保护。显而易见，不应该使小功率逻辑电路的印制电路板或连线经受短路情况下的大电流，熔丝恰好应用于此种场合——提供保护却无很大压降，此时更复杂的保护技术也许并不适用。许多应用场合中熔丝或断路器作为电子式过载保护的备用设备，例如在线性功率电路中应用晶闸管过电压急剧保护，此时熔丝性能非常重要，同时熔丝的类型和熔断额定值必须仔细选择。

## 5.4 折返电流限制

　　折返 （Foldback）电流限制有时也称为可再启动电流限制，类似于恒流控制，电压随着负载电阻变为零，其值也相应减少，同时电流下降，但是该微小特性会对电路性能产生很大影响。接下来以线性电源为例，具体分析其工作原理。

　　线性电源中折返电流限制主要用于防止电源出现故障时受到损害，当输出过载时减小电流，从而减少线性调整晶体管损耗。因为线性调整晶体管存在较大损耗，所以折返电流限制为线性电源常用的保护方法。

### 5.4.1　折返电流限制工作特性

　　典型折返电流限制可再启动关断特性曲线如图 5.11 所示，该图为折返电流限制电源输出端的实际测量结果。纯阻性负载可描述为直负载线，如图 5.11 中的负载线所示。每条电阻负载线的起点在零点，电流与电压成特定比例。

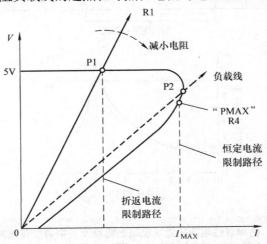

**图 5.11　折返电流限制可再启动关断特性曲线**

无负载即电阻无穷大时负载线垂直；负载电阻发生变化时直负载线将以原点为中心点沿顺时针方向转动；负载短路时电阻为零，负载线成水平状态。应该注意，直负载线只能与电源可再启动特性曲线有一个交点，如图 5.10 中的 P1 点。即使线性电阻负载的关断特性曲线为可再启动式，"锁定"状态也不可能出现。

在图 5.10 所示特性曲线中，负载电流从零增大时，输出电压仍然保持为 5V。但是当电流值增大到 $I_{MAX}$ 限流值并到达 P2 点时，如果负载电阻再减少将会引起电压和电流下降，因此短路情况下只能输出小电流 $I_{SC}$。

## 5.4.2　线性电源折返电流限制工作原理

简单线性电源折返电流限制电路如图 5.12a 所示，图中虚线框内为典型折返电流限制电路，输出参数如图 5.11 所示，调整管损耗曲线如图 5.12b 所示。

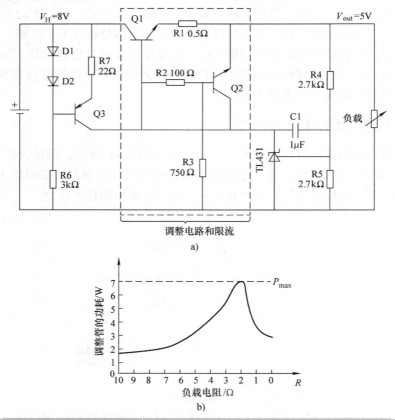

图 5.12　简单线性电源折返电流限制电路及其中调整管损耗曲线
a）简单线性电源折返电流限制电路　b）折返电流限制电路中调整管损耗曲线

电路工作原理如下：串联主调整晶体管 Q1 导通时，限流电阻 R1 上电压与负载电流 $I_{load}$ 成正比，该电压和 Q1 基极—发射极电压一起经过分压电阻 R2 与 R3 后加至限流晶体管 Q2 的基极。

因为限流点 Q1 的 $V_{be}$ 与 Q2 的 $V_{be}$ 大致相等，即 R1 与 R2 压降相等。到达限流突变点时，如忽略极小的基极电流，则流过 R2 的电流与流过 R3 的电流相等，同时 Q2 处于将要导通的临界状态。

限流点上负载电流进一步增大将会增加 R1 和 R2 上的压降，同时 Q2 将逐渐导通。Q2 导通时将会使驱动电流不经过 Q1 而通过 Q3 进入输出负载，此时 Q1 开始关断、输出电压下降。该电路中 Q3 构成恒流源电路。

输出电压下降时，R3 上的电压下降，流过 R3 的电流随之减小，使得流入 Q2 基极的电流增大，因此流过 R1 用来保持 Q2 处于导通状态的电流也会减小，最终当负载电阻下降时，输出电压和电流下降。输出电压为零（输出短路）时限流电流值向电流减小的方向变化，输出短路时，流过 R1 的电流非常小，从而 R1 和 R2 上的电压也很小。

由于 Q2 基极电流主要由电流增益决定，不同器件的电流增益值将会不同，同时 Q1 和 Q2 的 $V_{be}$ 还受温度影响，所以不能得到确定的短路电流值。通过为 Q1 和 Q2 安装相同散热器，使用阻值相对较小的 R1 和 R2，本例子中 R1 和 R2 典型值为 100Ω，使得外在因素影响达到最小化。

当输出电流试图超过 $I_{MAX}$ 时，将会出现电流"折返"下降现象，具体如图 5.11 所示，此时如果 5Ω 负载线沿顺时针方向摆动，电阻将减小为 0。从起始点 P1 对应 $I_A$ 工作电流开始，电流首先增大到限流值 $I_{MAX}$，当负载电阻继续下降时电流变小，负载短路时电流降至 $I_{SC}$。

整个"折返"电流限制过程中，由于线性调整管集电极电压 $V_H$ 保持相对稳定，所以串联调整晶体管 Q1 上的功率损耗随着电流增大而增大，具体如图 5.12b 所示。特性曲线起始点时晶体管功率损耗非常小，但是当电流增大至限流状态时功率损耗迅速增大。当 $I_{load}$ 流过调整晶体管，产生的压降达到最大值时损耗也达到最大值，此时功率损耗等于 $(V_H - V_{out}) \times I_{load}$ 为最大值。本实例中当电流为 2A 时调整管上损耗达到最大，约为 6.8W。

当负载电阻继续下降，直到低于临界值时，串行调整管上的功率损耗随着电流折返逐渐减小，最小功耗为 $I_{SC} \times V_H$，当负载短路时，Q1 功耗约为 1.8W。

电流限制电路属于恒流类型，如图 5.11 中垂直虚线 B 所示，短路状态时最大功耗等于 $I_{MAX} \times V_H$ 约为 12.8W。线性调整管应用实例中，调整管在恒流控制时的功耗比具有"折返"特性时功耗大得多。

## 5.4.3 折返限流"锁定"

折返电流限制过载和启动特性曲线如图 5.13 所示，对其线性和非线性特性进行概略描述，当负载为电阻时，电路只有唯一一个稳定工作点，如图中 P1 点，该工作点为负载线与电源 $V$—$I$ 特性曲线的交点。图 5.13 表示负载阻抗从最大值向零变化的折返电流限制特性，该特性无不稳定区域也未"锁定"，但是在非线性负载应用中不会出现如此平滑的关断曲线。图 5.13 中非常明显地画出使用钨丝灯（R3）的非线性负载线，表明该负载具有电源折返电流限制特性。

钨丝灯刚通电时，由于钨丝温度非常低，所以电阻值非常小，当低压激励时，工作电流非常大。电压和电流同时增大时，钨丝的温度和阻值都会增大，同时工作点也向大电阻方向变化，有源半导体电路中经常出现此类非线性特性。非线性负载线与电源折返特性曲线具有三个交叉点，其中 P1 和 P2 均为电源稳定工作点。电源负载第一次接通时输出电压仅偏向 P2 建立工作点，此时"锁定"将会出现。但是如果接通电源之前负载已经工作过，也许在 P1 建立正确工作点。然而 P1 只是一个稳定工作点，

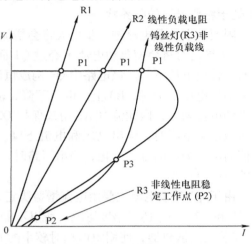

图 5.13　折返电流限制过载和启动特性曲线

针对钨丝灯早期工作过程的确定。如果钨丝灯第一次通电，由于钨丝灯在 P2 的负载线动态电阻小于电源折返特性在相同点的动态电阻，则钨丝灯供电期间仍将在 P2 出现"锁定"现象。因为 P2 为稳定工作点，所以"锁定"现象将会一直出现，此例中钨丝灯不会达到充分点燃状态。

通常利用如下两种修改曲线方法解决"锁定"。

第一种通过修改折返特性曲线使其在钨丝灯负载线的非线性负载线的外部。具体如图 5.14 中的曲线"B"和"C"所示，该特性只在 P1 点提供唯一稳定工作模

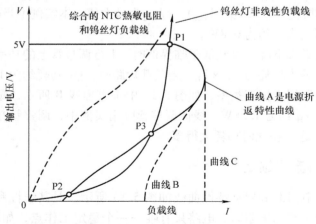

图 5.14　显示"锁定"与修正后的非线性负载线

式然而，然而修改折返特性曲线意味着短路状态时输出电流增大，相应调整晶体管功耗也会增加，该功耗增加值可能不在电源设计参数允许范围内，所以通常采用更复杂的限流电路以保护器件免受损害。此方法在负载开始通电期间改变限流特性曲线形状，然后恢复至正常折返特性曲线形状。

第二种解决"锁定"的方法为修改电灯非线性负载线形状，例如为钨丝灯串联非线性电阻以改变其负载线形状。此时非常适合采用负温度系数（NTC）热敏电阻，刚通电时负载电阻较大，处于正常工作状态时阻值变小。NTC 电阻与钨丝灯的电阻特性相反，因此合成电阻特性基本为线性或者过渡补偿，具体如图 5.14 所示，此时需要电源提供稍高电压以补偿 NTC 热敏电阻上的电压降。采用 NTC 热敏电阻为相对较好的措施，不仅能解决"锁定"问题还能减小接通钨丝灯瞬间形成的冲击电流，因此该方法能够有效延长灯泡寿命。通常采用折返电流限制保护的电路，任何通电瞬间形成的大冲击电流都可能造成"锁定"现象。

### 5.4.4　具有交叉耦合负载的折返锁定问题

两个或多个电源串联为线性电阻负载供电时也可能出现"锁定"现象，串联连接通常具有公共连线而且能够输出正电压和负电压，有时串联形式用于提供较高输出电压。

串联折返电流限制电源及其负载特性曲线如图 5.15 所示，该电源提供 ±12V 的输出电压。正常工作时采用电阻负载 R1 和 R2 不会出现任何问题，输出电流也在折返特性曲线范围内，如负载线 R1 和 R2。但是，当交叉连接负载 R3 一端连接至正电压输出端，而另一端连接至负电压输出端时，在一定负载电流幅值下可能导致"锁定"，图 5.15b 为两折返电流限制保护电源的合成特性曲线。对于单电源而言，R1 和 R2 的负载线从原点出发，各自都只经过折返特性曲线交于一个点。而交叉连接负载 R3 的负载线起始点可假设为 +V 或者 −V，此时可形成单一合成负载线，因此根据 R3 大小可以位于折返特性曲线内部或外部。尽管合成负载线最后与特性曲线交点为 P1，但是当电源第一次接通时可能在 P2 点出现"锁定"现象。如前所述，通过增大两电源短路时的电流值，使其工作点位于合成负载曲线上，从而解决"锁定"现象。

图 5.15a 所示电路必须安装旁路箝位二极管 D1 和 D2，用于供电期间阻止电源反向偏置电压损坏元器件。采用折返电流限制保护电路时，如果将反向偏置电压加到电源输出端以增强折返特性，电流也会变得更小，具体效果如图 5.15b 中折返曲线延伸虚线所示。

虽然折返电流限制保护具有很多缺点，但是很多实际应用中必不可少，所以实际设计电路时首先详细分析电路工作状态，尤其负载特性，然后具体选择是否使用折返电流限制保护电路。

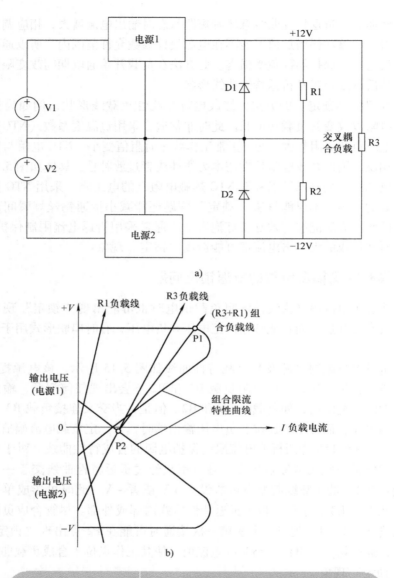

**图 5.15　串联折返电流限制电源电路及其负载特性曲线**
a）基于交叉耦合负载的双极性电路　b）交叉耦合负载合成特性曲线

## 5.5 浪涌抑制

　　交流市电直接输入整流电路时供电线、输入元器件、开关、整流器上都将流过很大的浪涌电流，不仅给元器件带来很大应力，也给使用同一供电线路阻抗的其他设备造成干扰。通常采用"浪涌电流控制"技术用于减轻浪涌应力，主要方法为在输入端与储能电容之间的供电线上串联电阻、热敏浪涌抑制电阻和有源抑制电路。

## 5.5.1　串联电阻

小功率电源通常使用串联电阻进行浪涌抑制，具体如图 5.16 所示，适合桥式和倍压整流电路。虽然大电阻使浪涌电流变小，但是正常运行时产生很大功耗，所以需要在可接受的浪涌电流与运行损耗之间进行折中。

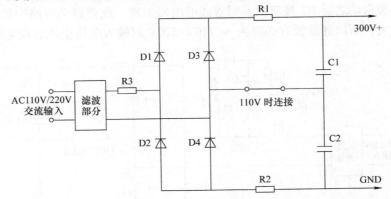

图 5.16　串联电阻浪涌抑制电路

电源供电开关接通时，串联电阻必须能够承受初始高电压和大电流的应力，此处采用大额定电流浪涌抑制电阻最为合适。常用具有恰当额定值的线绕电阻，如果预期使用场合湿度较大，则应避免使用线绕电阻，因为使用该类电阻时瞬变热压力和线膨胀使得保护涂层完整性逐渐变弱，导致湿气侵入、过早老化。

抑制电阻通常位置如图 5.16 所示，双输入电压时，在 R1 和 R2 位置使用两个电阻。低压连接时具有并联运行优点，高压连接时又具有串联运行优点，两种工作状态下均能将浪涌电流限制在规定范围内。单相输入时，在整流器输入端的 R3 位置添加浪涌抑制器件。

## 5.5.2　热敏浪涌抑制电阻

低功率应用中负温度系数（NTC）热敏电阻通常用于 R1、R2 或 R3 位置，刚接通电源时 NTC 热敏电阻的阻值高，即与普通电阻相比的优势所在之处。NTC 热敏电阻用于刚接通电源时降低浪涌电流，并且正常工作时自动加热，其电阻值随之下降，大大降低自身功耗。

然而采用热敏电阻抑制浪涌存在如下缺点：第一次通电时热敏电阻需要一定时间才能使其电阻值下降到工作阻值；关断电源后快速重新启动时热敏电阻还未完全冷却，此时将丧失部分浪涌抑制功能，所以热敏浪涌抑制通常用于小功率电路中。

电源关掉又快速启动对其本身危害很大，除非具有专门设计，否则严禁反复开关电源。

### 5.5.3    有源浪涌抑制电路

大功率线性电源完全正常工作之后最好将抑制器件短路以减小系统完全运行时的功耗，具体如图 5.17 所示，该电路使用双向晶闸管旁路电阻，也可采用晶闸管和继电器组合。通常选择启动电阻在 R1 位置，利用双向晶闸管或继电器作为短路开关，电源启动之后 R1 被双向晶闸管或继电器旁路。此类启动电路中的电阻阻值可能非常大，所以通常没有必要为 AC110V/220V 双输入电压更换启动电阻。

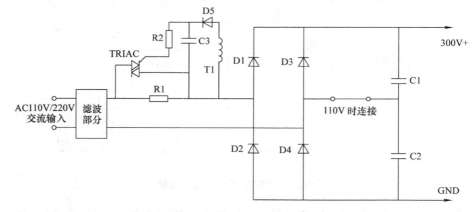

**图 5.17    阻性有源浪涌抑制电路**

刚接通电源时启动电阻抑制浪涌电流，输入电容充电完毕后有源旁路器件将启动电阻短路，所以正常工作时阻性有源浪涌抑制电路消耗功率非常小。

在图 5.17 所示阻性有源浪涌抑制电路实例中，双向晶闸管启动可由主变压器线圈控制。正常工作时，控制电路为晶闸管的接通提供延时，电源开始输出功率之前通过启动电阻为滤波电容完全充电，所以延时非常重要。如果滤波电容未完全充电之前功率输出启动，则负载电流将会阻止滤波电容完全充电，当晶闸管导通时就会产生更大的浪涌电流。

大功率或低压直流线性电源也可采用继电器作为有源浪涌抑制器件，但是此时继电器闭合之前滤波电容充满电仍然很重要，因此必须等到继电器闭合之后才输出功率，所以必须使用合适的定时电路。

# 参 考 文 献

［1］张东辉，毛鹏，徐向宇. PSpice 元器件模型建立及应用［M］. 北京：机械工业出版社. 2017.

［2］JOHN OKYERE ATTIA RONAID QUAN. 精通电子学——电路剖析、设计与创新［M］. 张东辉，孙德冲，潘如政，等译. 北京：机械工业出版社. 2018.

［3］DENNIS FITZPATRICK. 基于 OrCAD Capture 和 PSpice 的模拟电路设计与仿真［M］. 张东辉，邓卫，牛文豪，等译. 2 版. 北京：机械工业出版社. 2016.

［4］JOHN OKYERE ATTIA RONAID QUAN. PSpice 和 MATLAB 综合电路仿真与分析［M］. 张东辉，周龙，邓卫，译. 2 版. 北京：机械工业出版社. 2016.

［5］MUHAMMAD H. RASHID. 电力电子学的 SPICE 仿真［M］. 毛鹏，译. 3 版. 北京：机械工业出版社. 2015.

［6］张卫平. 开关变换器的建模与控制［M］. 北京：中国电力出版社. 2005.

［7］张占松，汪仁煌，谢丽萍. 开关电源手册［M］. 北京：人民邮电出版社. 2006.

［8］THOMPSON MARC T. Intuitive Analog Circuit Design［M］. Amsterdam：Elsevier Science. 2005.

［9］RASHID M H. Introduction of PSpice Using Orcad for Circuits and Electronics［M］. New Jersey：Prentice – Hall, 2004.

［10］RASHID M H. Power Electronics Handbook［M］. Amsterdam：Elsevier Science, 2004.

［11］RASHID M H. Power Electronics Circuits, Devices and Applications［M］. 3rd ed. New Jersey：Prentice – Hall, 2003.

［12］RASHID M H. SPICE for Power Electronics and Electric Power［M］. New Jersey：Prentice – Hall, 1995.

［13］HERNITER M E. Schematic Capture with Cadence PSpice［M］. New Jersey：Prentice – Hall, 2001.

［14］ERICKSON ROBERT W, MAKSIMOVIC D. Fundamentals of Power Electronics［M］. 2nd ed. Dordrecht：Kluwer Academic Publishers, 2001.

［15］PRICE T E. Analog Electronics：An Integrated PSpice Approach［M］. New Jersey：Prentice – Hall, 1996.

［16］MASSOBRIO G, ANTOGNETTI P. Semiconductor Device Modeling with SPICE［M］. 2nd ed. Dordrecht：New York：McGraw Hill, 1993.

［17］NEAMEN DONALD A. Microelectronics：Circuit Analysis and Design［M］. 4th ed. New York：McGraw Hill, 2009.

［18］Sergio Franco. Design With Operational Amplifiers and Analog Integrated CirCuits［M］. 4th ed. New York：McGraw Hill Education, 2013.

［19］Robert A. Pease. Analog Circuits World Class Designs［M］. Amsterdam：Elsevier Science, 2008.

［20］Sergio Franco. Analog Circuit Design Discrete and Integrated［M］. New York：McGraw Hill Education, 2013.